高等学校新工科计算机类专业教材

计算机网络实验

主　编　孙翠娟　杨延华

副主编　黄伯虎　樊克利

王宗武　刘　进

西安电子科技大学出版社

内 容 简 介

全书分为三大部分。第一部分主要介绍 Cisco 网络设备配置。第一章介绍了 Cisco 路由器的访问方式以及路由器的基本配置;第二章介绍了交换机配置;第三章介绍了路由器配置;第四章介绍了动态路由;第五章为综合实验。第二部分主要介绍 H3C 网络设备配置,这部分内容与第一部分的内容有部分重复,主要目的是介绍同样的实验内容如何在不同的设备上运行。第六章介绍 H3C 交换机的配置;第七章介绍 H3C 路由器配置。第三部分主要介绍 Windows 2003网络服务器配置。第八章介绍了 DNS 服务器的配置;第九章介绍了 IIS 服务器的配置;第十章介绍了 DHCP 服务器的配置等。

本书可以作为计算机科学与技术和网络工程专业本科生的"计算机通信与网络"课程的实验配套教材,也可以作为计算机应用专业硕士研究生的实验教材。对于从事网络管理和维护的技术人员,本书也是一本很实用的入门技术参考书。

图书在版编目(CIP)数据

计算机网络实验/孙翠娟,杨延华主编. —西安:西安电子科技大学出版社,2020.8(2021.11重印)
ISBN 978-7-5606-5786-8

Ⅰ. ①计… Ⅱ. ①孙… ②杨… Ⅲ. ①计算机网络—实验—高等学校—教材
Ⅳ. ①TP393-33

中国版本图书馆 CIP 数据核字(2020)第 124671 号

策划编辑	明政珠　邵汉平	
责任编辑	明政珠　成毅	
出版发行	西安电子科技大学出版社(西安市太白南路 2 号)	
电　话	(029)88202421　88201467	邮　编　710071
网　址	www.xduph.com	电子邮箱　xdupfxb001@163.com
经　销	新华书店	
印刷单位	咸阳华盛印务有限责任公司	
版　次	2020 年 8 月第 1 版　2021 年 11 月第 2 次印刷	
开　本	787 毫米×1092 毫米　1/16　印张 16.5	
字　数	387 千字	
印　数	1001～3000 册	
定　价	39.00 元	

ISBN　978-7-5606-5786-8 / TP
XDUP 6088001-2
如有印装问题可调换

前　言

随着计算机和网络的迅速普及，在社会信息化和信息社会化的进程中，计算机网络实用技术发挥着越来越重要的作用。为了适应社会对网络技术人才的需求，我们编写了本书，力图将最实用的计算机网络应用技术引入课堂，提高学生的实践动手能力。

本书以计算机通信与网络课程本科实验教学计划为基础，以实验教学为依托，从实际应用出发组织全书内容。本书在内容选取上，把握"理论够用、操作为主"的原则，用最简单和最精练的语句描述和讲解网络应用基本知识，通过对实际设备的操作和实验结果的分析引导学生理解理论知识。在内容结构上，以路由器和交换机基础配置为基础逐渐展开，结合实验调试结果来巩固和深化所学的内容，最终达到学习基础理论知识，提高学生动手能力的目的。本书内容循序渐进、浅显易懂，不仅适合作为高等学校计算机及相关专业的实验教材或参考书，而且也适合学习组网配置的技术人员以及从事网络管理和维护的人员阅读。

本书提供了综合网络实验环境，仅仅通过一台电脑，便可以亲自动手完成书中涉及的大部分实验内容。全书分为三部分，第一部分的所有实例都在 Cisco 公司的硬件设备上测试完成，同时也在 Cisco packet tracer 5.2 版本中测试完成。第二部分的所有实例在 H3C 公司的硬件设备上测试完成。第三部分在真实的局域网环境下测试完成，也在 VMware 虚拟机环境下测试完成。

本书由西安电子科技大学计算机科学与技术学院/国家示范性软件学院、计算机网络与信息安全国家级实验教学示范中心骨干教师孙翠娟和杨延华老师共同编写，其中第一章至第七章由孙翠娟老师编写，第八章到第十章由孙翠娟、杨延华和黄伯虎老师共同编写。本书大量的校对工作主要由杨延华老师完成，示范中心的樊克利、王宗武和刘进老师也做了部分代码测试工作。

本书的编写受到"西安电子科技大学计算机科学与技术学院 2020 年度教材

建设立项"项目的大力支持。

本书编写过程中，作者参考了国内外有关计算机网络技术的著作、文献和相关资料等，在此对所有作者表示感谢。特别要感谢加拿大里贾纳大学计算机系的刘桂丽教授，在我2017—2018年留学的一年半中，给予我工作和生活上的帮助和支持；还要感谢教研室王惠萌老师给予的帮助；最后，还要感谢家人的支持。

由于编者水平有限，书中难免有疏漏和不妥之处，请广大读者和专家批评指正。

编　者

2020 年 5 月于西安

目　　录

第二部分　H3C 网络设备配置

第三部分　Windows 2003 网络服务器配置

第一部分

Cisco 网络设备配置

第一章　访问 Cisco 路由器和交换机

多年来 Cisco 公司的网络产品一直占据网络产品的主流市场，其产品的操作和配置具有一定的通用性。熟练掌握一类网络产品的配置，对其他类型的网络产品就可以触类旁通，而对这些网络设备进行操作的前提就是有效地访问它们。

本章从访问路由器和交换机产品入手，让读者对要配置的产品有一个初步的认识，这也是后续其他实验的基础。

本章主要介绍访问 Cisco 路由器和交换机的方法，并通过实验详细说明如何通过 Console(控制台)端口实现对路由器和交换机的访问，让读者对路由器和交换机有一个初步的认识。在实验里我们对路由器进行了实验线路连接和配置，需要指出的是本实验的连接方法和参数配置也同样适用于交换机，实验里的路由器也可以用交换机代替。

1.1　连接 Cisco 设备

对网络设备进行配置，首先要能够有效地访问到它们。访问 Cisco 路由器和交换机的主要方法有以下几种：

- 通过 Console 端口访问；
- 通过 AUX 端口访问；
- 通过 Telnet 程序访问；
- 通过浏览器访问；
- 通过网管软件访问。

1. 通过 Console 端口访问

Console 端口是 Cisco 设备的基本端口，它是我们对一台新的路由器和交换机进行连接和配置时必须使用的端口。连接 Console 端口的线称为控制台电缆(Console Cable)。在具体的连接上，Console 电缆一端插入网络设备的 Console 端口，另一端接入终端或 PC 的串行接口，从而实现对设备的访问和控制。

2. 通过 AUX 端口访问

对路由器或交换机进行配置时使用 Console 端口，与 Console 相对应的 AUX 端口是远程配置时采用的端口。当需要通过远程访问的方式实现对路由器的配置时，就可以采用 AUX 端口借助于调制解调器和电话线进行配置。

3．通过 Telnet 程序访问

Cisco 路由和交换设备都支持 Telnet 程序访问。在网络连通并对设备完成必要配置的条件下，就可以通过 Telnet 实现对设备的访问和配置。Cisco 把每个远程登录的用户都看成是一个虚拟终端(Virtual Type Terminal，VTP)，通常每个设备都支持多个 VTP，记为 VTP0~VTPn。

4．通过浏览器访问

近几年生产的网络设备，其 IOS(Internetwork Operating System 网络互联操作系统)软件都具有提供简单 Web 服务的能力，启用该服务，用户可以通过普通的浏览器来访问这些设备，对它们进行监测和配置。

5．通过网管软件访问

大部分路由器和交换机都支持简单网络管理协议(Simple Network Management Protocol，SNMP)，或者可以通过增加该功能模块来支持 SNMP。在路由器或交换机上配置相应的 SNMP 参数，就可以在网管工作站上运行网管软件并对这些设备进行监测和配置。

虽然路由和交换设备具有多种访问方式，但是设备的第一次设置必须通过第一种方法来实现，第一种方法也是最常用最直接有效的一种配置方法。因此，本章实验主要是介绍如何通过 Console 端口连接硬件设备，PC 终端运行超级终端仿真软件来对路由器和交换机进行访问，并且提供了一些基本的配置方法。

1.1.1　连接 Cisco 设备

1．实验目的

- 通过 Console 电缆实现路由器或交换机与 PC 的连接；
- 正确配置 PC 仿真终端程序的串口参数；
- 熟悉 Cisco 设备的开机自检过程和输出界面；
- 熟悉配置模式切换及基本命令。

2．实验设备

- Cisco 路由器 1 台；
- PC 1 台(必须安装超级终端仿真软件)；
- Console 电缆 1 根。

3．实验过程

如图 1-1 所示，连接好 PC 和路由器的电源线。在未开机的情况下，把 PC 的串口通过控制台电缆线(Console 电缆)与路由器相连接，即完成实验的准备。Console 电缆访问 Cisco 设备大概需要以下几步。

图 1-1　Console 电缆连接路由器

1) 获得路由器连接参数

路由器 Console 端口的缺省参数如下，这些数据可以在 Cisco 设备说明书中取得。

- 端口速率：　　9600 b/s；
- 数据位：　　　8；
- 奇偶校验：　　无；
- 停止位：　　　1；
- 流控：　　　　无。

在配置 PC 的 COM1 端口时只有与上述参数相匹配，才能成功地访问路由器或交换机。

> **注：** 本书第一部分所有实例中使用的运行环境均为 Windows2003 Server/XP 中文操作系统，路由器型号是 Cisco2621 或 Cisco2811，交换机型号是 Cisco2950、Cisco2960 和 Cisco3550。

2) 访问控制台

连接好 Console 电缆后，首先打开 PC，启动 Windows 操作系统。操作系统启动后依照下述步骤配置超级终端仿真程序。

启动 Windows2003/XP 下"开始"→"程序"→"附件"→"通信"下的"超级终端"程序，出现如图 1-2 所示的对话框。

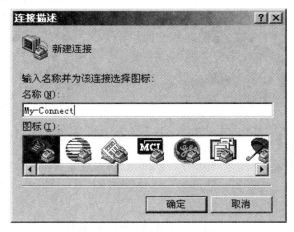

图 1-2　"连接描述"对话框

在对话框的"名称"一栏中输入要新建连接的名称，该名称可以是用户喜欢的任何字符串。在"图标"一栏中选择用户喜欢的图标作为该连接的图标，然后选择"确定"按钮。该连接建立成功后在此处键入的名称和图标将出现在"开始"→"程序"→"附件"→"通讯"→"超级终端"程序组下，以后再使用终端来配置路由器，则直接选择该连接运行即可，无须再进行终端配置。

此时会进入下一个对话框，如图 1-3 所示。

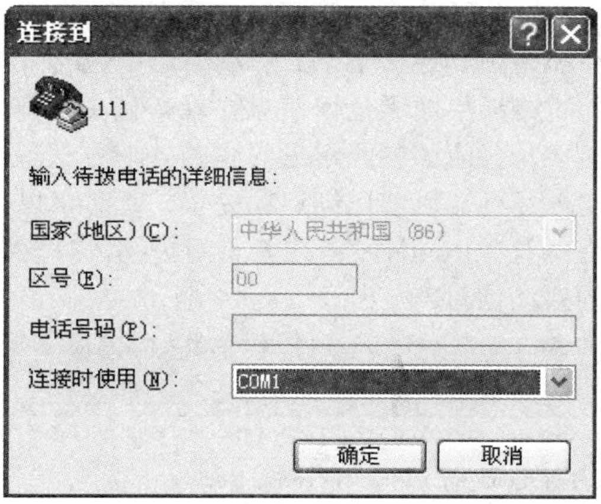

图 1-3 "连接到"对话框

如果新安装的操作系统第一次运行超级终端程序，则该窗口会在第一个对话框之前弹出，提示用户选择"国家(地区)"项和输入"区号"以及"电话号码"，此时只需选择国家和填入区号即可，电话号码可以不用输入。在新建连接的对话框中将不再出现该选择。只需要在"连接时使用"一栏下拉列表中选择"COM1"，然后单击"确定"按钮，进入下一步操作。

3) 配置端口属性

完成上一步操作后，会出现如图 1-4 所示的"COM1 属性"对话框。

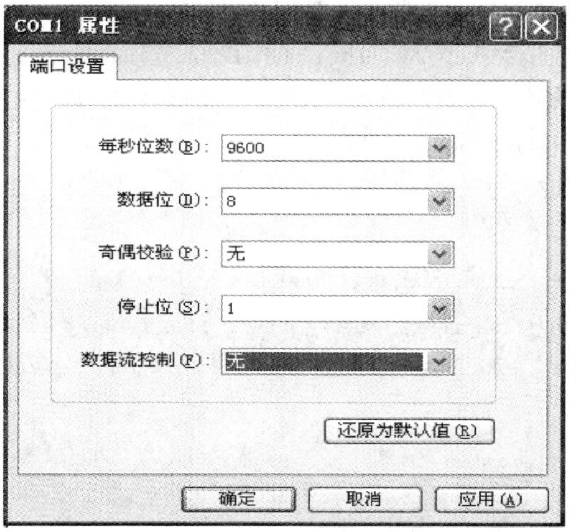

图 1-4 "COM1 属性"对话框

在该对话框中配置串口 COM1 的属性，该属性要和所配置的路由器或交换机的 Console 端口属性完全相同，在这里选择："每秒位数"为 9600，"数据位"为 8，"奇偶校验"为无，"停止位"为 1，"数据流控制"为无。然后选择"确定"按钮，完成对 COM1 端口属性的配置。

4) 测试超级终端与路由器之间的连接

完成以上操作后，就可以打开路由器的电源开关，启动路由器，这时会在超级终端页面上显示如图 1-5 所示路由器的启动信息。如果终端界面上出现信息并且全部字符没有乱码，则表明超级终端已经和路由器连接上了。启动信息中包含许多有用的信息，读者应该认真阅读并理解。如果此时终端界面无任何信息显示，且左下角状态为断开状态，则可能是终端到路由器没有连接成功，应该参照常见问题的处理方法解决。如果左下角状态为连接，则很可能是路由器在打开终端以前已经启动完毕，此时可以在键盘上多键入几个回车键，看看能否出现操作提示符 "Router>"；或者重新关闭、打开路由器电源，使其重新启动，即可以看到路由器的启动信息。

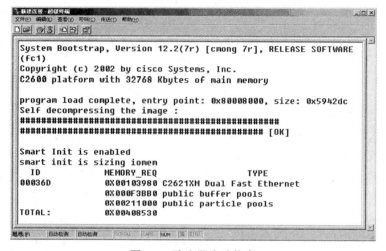

图 1-5　路由器启动信息

以 Cisco2600 系列路由器 C2621 为例，路由器启动后输出的全部信息如下：

System Bootstrap, Version 12.2(7r) [cmong 7r], RELEASE SOFTWARE (fc1)

Copyright (c) 2002 by cisco Systems, Inc.

C2600 platform with 32768 Kbytes of main memory

program load complete, entry point: 0x80008000, size: 0x5942dc

　Self decompressing the image : ##############################

###

####　[OK]

Smart Init is enabled

smart init is sizing iomem

ID	MEMORY_REQ	TYPE
00036D	0X00103980	C2621XM Dual Fast Ethernet
	0X000F3BB0	public buffer pools
	0X00211000	public particle pools

TOTAL: 0X00408530

If any of the above Memory Requirements are
"UNKNOWN", you may be using an unsupported
configuration or there is a software problem and
system operation may be compromised.
Rounded IOMEM up to: 5Mb.
Using 15 percent iomem. [5Mb/32Mb]

    Restricted Rights Legend

Use, duplication, or disclosure by the Government is
subject to restrictions as set forth in subparagraph
(c) of the Commercial Computer Software - Restricted
Rights clause at FAR sec. 52.227-19 and subparagraph
(c) (1) (ii) of the Rights in Technical Data and Computer
Software clause at DFARS sec. 252.227-7013

    cisco Systems, Inc.
        170 West Tasman Drive
    San Jose, California 95134-1706

Cisco Internetwork Operating System Software
IOS (tm) C2600 Software (C2600-I-M), Version 12.2(8)T10, RELEASE SOFTWARE (fc1)

TAC Support: http://www.cisco.com/tac
Copyright (c) 1986-2003 by cisco Systems, Inc.
Image text-base: 0x80008074, data-base: 0x80A2C2B0

cisco 2621XM (MPC860P) processor (revision 0x100) with 27648K/5120K bytes of memory.
Processor board ID JAD064805AM (2168507319)
M860 processor: part number 5, mask 2
Bridging software.
X.25 software, Version 3.0.0.
2 FastEthernet/IEEE 802.3 interface(s)
32K bytes of non-volatile configuration memory.
16384K bytes of processor board System flash (Read/Write)

Press RETURN to get started!

上述信息中列出了硬件平台、ROM 启动程序版本、IOS 版本、各种存储器(RAM、NVRAM、FLASH)的容量、端口类型等重要信息。

> **注**：以上启动过程以路由器为例，交换机的启动方式和路由器一样。

5) 进入 Setup 配置模式

路由器启动后，如果找不到启动配置文件，将出现"Would you like to enter the initial configuration dialog?[yes/no]:"提示，如果输入"yes"，将进入"Setup"配置模式，此时配置的参数是路由器内部按预定顺序设定的。

```
Would you like to enter basic management setup? [yes/no]: y     //选择"y"，进入初始化配置
Configuring global parameters:                                   //开始配置全局参数

Enter host name [Router]: R0                                     //输入路由器名字 R0
The enable secret is a password used to protect access to
privileged EXEC and configuration modes. This password, after
entered, becomes encrypted in the configuration.
Enter enable secret: cisco                                      //输入加密的使能密码 cisco
The enable password is used when you do not specify an
enable secret password, with some older software versions, and
some boot images.
Enter enable password: class                                    //输入使能密码
The virtual terminal password is used to protect
access to the router over a network interface.
Enter virtual terminal password: cisco                          //输入虚拟终端的密码
Configure SNMP Network Management? [no]:y                       //要配置简单网络管理协议吗
    Community string [public]:

Current interface summary
```

Interface	IP-Address	OK?	Method Status	Protocol
FastEthernet0/0	unassigned	YES	manual administratively	downdown
FastEthernet0/1	unassigned	YES	manual administratively	down down
Serial0/0	unassigned	YES	manual administratively	down down
Serial0/1	unassigned	YES	manual administratively	down down

Enter interface name used to connect to the

management network from the above interface summary: fastethernet0/0

Configuring interface FastEthernet0/0:　　　　　　　　　　//管理 FastEthernet0/0

  Configure IP on this interface? [yes]:

    IP address for this interface: 192.168.1.1　　　　　//输入端口的 IP 地址
    Subnet mask for this interface [255.255.255.0] :　　//输入端口的子网掩码

The following configuration command script was created:

```
!
hostname R0
enable secret 5 $1$mERr$hx5rVt7rPNoS4wqbXKX7m0
enable password class
line vty 0 4
password cisco
!
interface FastEthernet0/0
  no shutdown
  ip address 192.168.1.1 255.255.255.0              //前面给 FastEthernet0/0 设定了 IP 地址
!
interface FastEthernet0/1
  shutdown
  no ip address
!
interface Serial0/0
  shutdown
  no ip address
!
interface Serial0/1
  shutdown
  no ip address
!
end
```

[0] Go to the IOS command prompt without saving this config.　　//放弃保存，退出配置模式
[1] Return back to the setup without saving this config.　　　　//放弃保存，重新执行 setup
[2] Save this configuration to nvram and exit.　　　　　　　//保存配置，退出配置模式

Enter your selection [2]:　　　　　　　　　　　　　　　　　//输入您的选项

> 注：本书后面章节涉及的所有实例都不使用配置对话，路由器启动后，询问 Would you like to enter basic
> management setup? [yes/no]: 全部输入 "n"，即不使用配置模式。

1.1.2　路由器的操作模式及基本指令练习

路由器常用的操作模式有用户模式、特权模式、全局配置模式以及端口配置模式等，它们之间的转换关系如图 1-6 所示。

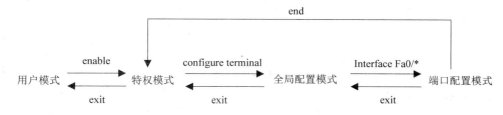

图 1-6　路由器操作模式转换

1. 用户模式

用户登录到路由器后，就进入了用户命令模式，用户模式提示符为 ">"，如下：

　　Router>　　　　　　　　　　　　　　　　　　//路由器用户模式

路由器上默认有两级 EXEC 命令层次：用户级和特权级。用户级的权限级别是 1，在用户模式下可以执行所有级别 1 和级别 0 的命令；特权级的权限级别是 15，在特权模式下可以执行权限 0 到权限 15 的所有命令。在默认情况下，级别 0 包括 5 个命令：disable、enable、exit、help、logout，权限 2 到权限 14 都没有使用。

2. 特权模式

在提示符 ">" 之后输入 enable 命令，进入特权模式，命令行界面（Command Line Interface，CLI）提示符变成 "#"，输入 disable 命令返回到用户模式，如下：

　　Router>
　　Router>enable
　　Router#　　　　　　　　　　　　　　　　　//路由器进入特权模式
　　Router#disable
　　Router>

3. 全局配置模式

在特权模式下，输入命令 "configure terminal"，进入全局配置模式。全局模式配置命令定义了系统范围的参数，包括更改路由器的名字和编辑访问控制列表等，如下：

　　Router#
　　Router#configure terminal
　　Enter configuration commands, one per line.　End with CNTL/Z.
　　Router(config)#hostname CCNA　　　　　　　//更改路由器名字

```
CCNA(config)#exit
CCNA#
```

4. 其他配置模式

路由器中还有一些其他配置模式，如端口配置模式、路由器配置模式、线路配置模式等，这里就不一一列举了，将在本书后续章节详细介绍。

5. 模式的切换

一台新的路由器或者删除配置文件以后的路由器启动后会提示用户是否进入对话框配置模式，选择否(n)就可以进入用户执行模式。一般情况下，路由器启动后自动进入用户执行模式，如下：

Router>	//用户执行模式提示符
Router>enable	//进入特权模式
Router#	//特权模式提示符
Router#config terminal	//进入配置模式
Router(config)#	//全局配置模式提示符
Router(config)#interface FastEthernet0/0	//进入端口配置子模式
Router(config-if)#	//端口配置子模式提示符
Router(config-if)#exit	//退出端口配置子模式
Router(config)#exit	//退出全局配置模式，进入特权模式
Router#disable	//特权模式
Router>	//执行模式提示符

这里需要特别注意的是，系统工作在不同的模式下，也就是说在不同的系统提示符下所能使用的配置命令是不同的。

6. 帮助的使用

符号"？"是命令行配置界面中的帮助命令，任何时候输入"？"都会得到系统相应的帮助提示。比如在任何模式下直接输入"？"后回车，系统就会显示在当前模式下可以使用的所有命令。试练习下面的例句：

Router>?	//查看用户执行模式下所有命令
Router#?	//查看特权模式下所有命令
Router(config)#　?	//查看全局配置模式下所有配置命令
Router(config-if)#　?	//查看端口配置模式下所有配置命令
Router(config-if)#ip ?	//查看 ip 命令的用法，ip 后有空格
Router(config-if)#ipadd?	//查看以 ip add 开头的配置命令
Router(config-if)#ip address ?	//查看 ip address 命令的用法
A.B.C.D　　　IP address	//系统提示命令后应该跟 IP 地址
Router(config-if)#ip address 192.168.0.1 ?	
A.B.C.D　　　　　IP subnet mask	
Router(config-if)#ip address 192.168.0.1 255.255.255.0 ?	
<cr>	//系统提示该命令后跟回车键，表示命令已经完整

Router(config-if)#ip address 192.168.0.1 255.255.255.0　　//设置当前端口的 IP 地址和掩码

根据"?"的用法，读者可以在各种情况下练习使用帮助命令，以便更加熟练地掌握帮助命令的使用方法。

7. 配置命令的缩写

在使用配置命令的时候都可以使用缩写形式，即各个配置命令都可以进行缩写，缩写程度以不引起命令混淆为前提，例如：Router>enable，在 Router>模式下以 en 开头的命令只有 enable 一个，所以该命令可以缩写为 en、ena、enab、enabl。

Router#模式下以 con 开头的命令只有 configure，所以 configure 可以缩写为 conf、confi、config 等。因此 Router#configure terminal 就可以缩写为 Router#conf t。命令 ip address 192.168.0.1 255.255.255.0 可以缩写为 ip add 192.168.0.1 255.255.255.0 等。

为了简单快捷地配置路由器，使用者在熟练掌握配置命令的情况下可以使用命令的缩写形式。

1.2　常见问题解决

在实验中可能会遇到超级终端和设备连接的一些问题，针对一些常见的问题这里给出处理办法。

【问题 1】在有些操作系统中，超级终端程序在上下翻屏时，以前正常显示的内容会出现混乱、错位、重叠等现象，从而影响正常使用。

【解决办法】该现象往往是由终端界面字体的原因造成的，可以到"查看"→"字体"对话框中选择合适的字体和字号就能解决该问题。一般可以用：西文、Courier 字体、10号，或者用中文、宋体、10 号来尝试。

【问题 2】在打开超级终端时提示"无法打开 COM1，请检查一下端口设置"。

【解决办法】此提示一般是因为 COM1 口被其他程序或设备占用，可以检查端口使用情况，或者查看是否打开了多个超级终端程序。

【问题 3】终端上可以显示信息，但不能用键盘输入命令。

【解决办法】此时应该是 Console 电缆连接不稳定，或接触不好，应该检查 Console 电缆和连接端口的连接情况。

【问题 4】终端界面上空白，什么信息都没有，但终端左下角的状态栏提示处于连接状态，并且配置都无错误。

【解决办法】此时应该多打几个回车键，路由器在正常工作情况下可能不输出任何信息，超级终端打开看不到任何信息，打回车键才会出现系统提示符。

【问题 5】配置参数正确，但连接不上设备。

【解决办法】此时可能是因为配置的是 COM1 端口，而设备连接在 COM2 端口上，可以调换端口后再尝试，也可能是当前端口或者 Console 电缆损坏，应该换另外的端口尝试或者更换 Console 电缆。

总之，在出现问题时不要着急，从硬件连线到设备再到软件配置，仔细分析认真检查，问题都能够得到解决。

实 验 报 告

实验名称＿＿＿＿＿＿＿＿＿＿＿＿＿＿＿＿＿＿＿＿＿＿＿

实验日期＿＿＿＿＿年＿＿＿＿＿月＿＿＿＿＿日
实验地点＿＿＿＿＿＿＿＿＿＿＿＿＿＿＿＿

一、实验目的

二、实验环境(或实验设备需求)

三、实验基本原理(或方案设计及理论计算)
　　(画出实验需要的拓扑结构图，详细标注每个连接点的端口号和终端的 IP 地址)

四、实验数据记录(或仿真及软件设计)

五、实验结果分析及回答问题(或测试环境及测试结果)

六、心得体会

教师签名:

第二章 Cisco 交换机配置

2.1 交换机概述

交换机是数据链路层设备，与网桥相似，它可以使多个物理 LAN 网段互相连接成为一个更大的网络。交换机是根据 MAC 地址对通信数据进行转发。对交换机的配置主要涉及端口及 MAC 地址的设置和虚拟局域网（Virtual LAN，VLAN）的设置。

共享式以太网是构建在总线型拓扑结构的以太网，可以直接用细缆或粗缆把计算机连接起来成为共享式以太网，也可以使用 Hub 和双绞线连接计算机而构成共享式以太网。共享式以太网是严格遵从载波侦听多路访问/冲突检测（Carrier Sense Multiple Access/Collision Detect，CSMA/CD）算法的网络，CSMA/CD 算法的工作特点决定了共享式以太网的半双工特点。在共享式以太网上，任何时候当一台主机发送数据时其他主机只能接收该以太帧。

物理地址。以太网上的主机系统在互相通信时，需要用来识别该主机的标志，即物理地址，也称为介质访问控制（Media Access Control，MAC）地址，主机上的 MAC 地址是固化在网卡上的，所以随着插在主机上的网卡变化而变化，一块网卡上的 MAC 地址是全球唯一的。

冲突域。用同轴电缆构建或者以集线器（Hub）为核心构建的共享式以太网，其所有节点同处于一个共同的冲突域，一个冲突域内的不同设备同时发出的以太帧会互相冲突；同时，冲突域内的一台主机发送的数据，同处于一个冲突域的其他主机都可以接收到。可见，一个冲突域内的主机太多会导致每台主机得到的可用带宽降低、网上冲突可能性成倍增加、信息安全得不到保证。

广播域。广播域是网上一组设备的集合，当这些设备中的一个发出一个广播帧时，所有其他设备都能接收到该帧。

广播域和冲突域是两个比较容易混淆的概念，在这里一定要注意区分这两个概念：连接在一个 Hub 上的所有设备构成一个冲突域，同时也构成一个广播域，连接在交换机上的每个设备都分别属于不同的冲突域，交换机每个端口构成一个冲突域，而属于同一个 VLAN 中的主机都属于同一个广播域。

桥接。桥接又称网桥，它用来连接两个或更多的共享式以太网网段，不同的网段分别属于各自的冲突域，所有网段处于同一个广播域，桥接的工作模式是交换机工作原理的基础。

交换。局域网交换的概念来自桥接，从基本功能上讲，它与桥接使用相同的算法，只是交换的实现是由专用硬件实现，而传统的桥接是由软件来实现的。并且局域网交换机具有丰富的功能，如 VLAN 划分、生成树协议、组播支持、服务质量保证等。

MAC 地址表。交换机内有一个 MAC 地址表，用于存放该交换机端口所连接设备的 MAC 地址与端口号的对应信息。MAC 地址表是交换机正常工作的基础，它的生成过程也是我们应该重点掌握的内容。

2.1.1　交换机基本配置

Cisco 支持两类主要的交换机操作系统：网络互连操作系统(Internetwork Operating System，IOS)和 Catalyst 操作系统(Cat OS)。目前，绝大多数 Cisco Catalyst 系列交换机都只运行 Cisco IOS。交换机的操作模式也分为用户模式、特权模式、全局配置模式和其他配置模式等。

刚出厂的未经配置的交换机与路由器配置方式相同，都需要用 Console 电缆与计算机连接进行初始配置，如图 2-1 所示。

PC机　　　　　　　　　　　　　　　　　交换机

图 2-1　交换机连接

连接好 Console 线缆，正确配置超级终端仿真软件后，就可以打开交换机，此时超级终端窗口就会显示交换机的启动信息，清单如下：

C2950 Boot Loader (C2950-HBOOT-M) Version 12.1(11r)EA1, RELEASE SOFTWARE(fc1)

Compiled Mon 22-Jul-02 17:18 by antonino

WS-C2950G-24-EI starting…

Base Ethernet MAC Address: 00:0d:28:c0:12:40　　　　　　　　//基本 MAC 地址

Xmodem file system is available.

Initializing Flash…　　　　　　　　　　　　　　　　　　　//初始化 Flash

Flashfs[0]: 17 files, 2 directories

Flashfs[0]: 0 orphaned files, 0 orphaned directories

flashfs[1]: Total bytes: 7741440

flashfs[1]: Bytes used: 4871168

flashfs[1]: Bytes available: 2870272

flashfs[1]: flashfs fsck took 7 seconds.

…done initializing flash.

Boot Sector Filesystem (bs:)installed, fsid: 3

Parameter Block Filesystem (pb:) installed, fsid: 4

Loading

"flash:/c2950-i6q412-mz.121-11.EA1.bin"…################################
#######################　#OK　　　　　//解压缩 IOS 文件
File"flash:/c2950-i6q412-mz.121-11.EA1.bin"uncompressed and installed,entry point:0x80010000
executing…　　　　　　　　　　　　　　　　//执行 IOS 文件
//以下为版本信息
　　　　　　　　Restricted Rights Legend

Use, duplication, or disclosure by the Government is
subject to restrictions as set forth in subparagraph
(c) of the Commercial Computer Software - Restricted
Rights clause at FAR sec. 52.227-19 and subparagraph
(c) (1) (ii) of the Rights in Technical Data and Computer
Software clause at DFARS sec. 252.227-7013.

　　　　　cisco Systems, Inc.
　　　　　170 West Tasman Drive
　　　　　San Jose, California 95134-1706

Cisco Internetwork Operating System Software
IOS (tm) C2950 Software (C2950-I6Q4L2-M), Version 12.1(13)EA1, RELEASE SOFTWARE
(fc1)
Copyright (c) 1986-2003 by cisco Systems, Inc.
Compiled Tue 04-Mar-03 02:14 by yenanh
Image text-base: 0x80010000, data-base: 0x805A8000

Initializing flashfs...　　　　　　　　　　//初始化 Flash 文件系统
flashfs[1]: 18 files, 2 directories
flashfs[1]: 0 orphaned files, 0 orphaned directories
flashfs[1]: Total bytes: 7741440
flashfs[1]: Bytes used: 4871168
flashfs[1]: Bytes available: 2870272
flashfs[1]: flashfs fsck took 7 seconds.
flashfs[1]: Initialization complete.
Done initializing flashfs.
POST: System Board Test : Passed　　　　//系统板自检
POST: Ethernet Controller Test : Passed　　//以太网控制器自检
ASIC Initialization Passed　　　　　　　//专用芯片自检

POST: FRONT-END LOOPBACK TEST : Passed　　//环路自检

cisco WS-C2950-24 (RC32300) processor (revision J0) with 20839K bytes of memory.

Processor board ID FOC0718Y0EA

Last reset from system-reset

Running Standard Image　　　　　　　　　　　　//软件版本为标准版

24 FastEthernet/IEEE 802.3 interface(s)

32K bytes of flash-simulated non-volatile configuration memory.

Base ethernet MAC Address: 00:0D:28:C0:12:40

//以下为各部件号、序列号及版本号

Motherboard assembly number: 73-5781-11

Power supply part number: 34-0965-01B0

Motherboard serial number: FOC061903RT

Power supply serial number: PHI0714070Y

Model revision number: J0

Motherboard revision number: A0

Model number: WS-C2950-24

System serial number: FOC0718Y0EA

　　　　　--- System Configuration Dialog ---　　　　　　　//系统对话框配置模式

Would you like to enter the initial configuration dialog? [yes/no]:n　　//建议先不要进行初始化

以上启动过程为用户提供了丰富的信息,其中重要的部分都用黑体标记并注解。利用这些信息,我们可以对交换机的硬件结构和软件加载过程有直观的认识。这些信息对我们了解该交换机以及对它做相应的配置很有帮助。另外部件号、序列号、版本号等信息在产品验货时都是非常重要的信息。

2.1.2　交换机的维护和命令查看

在缺省配置下,交换机所有端口处于可用状态并且都属于 VLAN1,这种情况下交换机就可以正常工作了。但为了方便管理和使用,首先对交换机做基本配置。最基本的配置可以通过启动时的对话框配置模式完成,也可以在交换机启动后再进行配置。

1. 配置 enable 口令和主机名

在交换机中可以配置使能口令(enable password)和使能密码(enable secret),一般情况下只需配置一个就可以,当两者同时配置时,后者生效。这两者的区别是使能口令以明文显示而使能密码以密文形式显示。

Switch>　　　　　　　　　　　　　　　　　//用户执行模式提示符

Switch>enable　　　　　　　　　　　　　　　//进入特权模式

Switch#　　　　　　　　　　　　　　　　　//特权模式提示符

Switch#config terminal　　　　　　　　　　//进入配置模式

Switch(config)# 　　　　　　　　　　　　//配置模式提示符
Switch(config)#enable password cisco 　　//设置 enable password 为 cisco
Switch(config)#enable secret cisco1 　　　//设置 enable secret 为 cisco1
Switch(config)#hostname C2950 　　　　　//设置主机名为 C2950
C2950(config)#end 　　　　　　　　　　//退回到特权模式
C2950#

2. 配置交换机 IP 地址、缺省网关、域名、域名服务器

应该注意的是这里所设置的 IP 地址、网关、域名等信息，是为交换机本身所设置用来管理交换机而用的，和连接在该交换机上的计算机或其他网络设备无关。也就是说所有与交换机连接的主机都应该设置自身的域名、网关等信息。

C2950#interface vlan 1 　　　　　　　　//vlan 也可作为接口配置 IP 地址
C2950(config)#ip address 192.168.0.1 255.255.255.0 　//设置交换机 IP 地址
C2950(config)#ip default-gateway 192.168.0.254 　//设置缺省网关
C2950(config)#ip domain-name cisco.com 　　//设置域名
C2950(config)#ip name-server 20.0.0.1 　　//设置域名服务器
C2950(config)#end

3. 配置交换机的端口属性

交换机的端口属性缺省地支持一般网络环境下的正常工作，一般情况下是不需要对其端口进行设置的。在某些情况下需要对其端口属性进行配置时，配置的对象主要有速率、双工和端口描述等信息。

C2950(config)#interface Fastethernet0/1 　//进入端口 Fa0/1 的配置模式
C2950(config-if)#speed ? 　　　　　　//查看 speed 命令的子命令
　10　Force　10 Mbps　operation 　　//显示结果
　100　Force　100 Mbps　operation
　auto　Enable　AUTO speed　configuration
C2950(config-if)#speed 100 　　　　　//设置该端口速率为 100 Mbps
C2950(config-if)#duplex ? 　　　　　//查看 duplex 命令的子命令
　auto　Enable　AUTO duplex　configuration
　full　Force　full duplex　operation
　half　Force　half-duplex　operation
C2950(config-if)#duplex full 　　　　//设置该端口为全双工
C2950(config-if)#description TO_PC1 　//设置该端口描述为 TO_PC1
C2950(config-if)#^Z 　　　　　　　//返回到特权模式，同 end
C2950#show interface FastEthernet0/1 　//查看端口 Fa0/1 的配置结果

4. 配置和查看 MAC 地址表

有关 MAC 地址表的配置有三个方面，即超时时间、永久地址和限制性地址。交换机学习到的动态 MAC 地址的超时时间缺省为 300 s，可以通过命令来修改这个值。设置了静态 MAC 地址，这个地址永久存在于 MAC 地址表中，不会超时，所有端口均可以转发以

太网帧给该端口。限制性静态(restricted static)地址是在永久地址的基础上，同时限制了源端口，其安全性更高。

```
C2950(config)#mac-address-table ?                          //查看 mac-address-table 的子命令
    aging-time    Aging time of dynamic addresses
    permanent     Configure a permanent address
    restricted    Configure a restricted static address
C2950(config)#mac-address-table aging-time 100             //设置超时时间为 100 s
C2950(config)#mac-address-table permanent 0000.0c01.bbcc Fa0/3   //加入永久地址
C2950(config)#mac-address-table restricted static 0000.0c02.bbcc Fa0/6 Fa0/7
//加入静态地址
C2950(config)#end
C2950#show mac-address-table                               //查看整个 MAC 地址表
Number of permanent address: 1
Number of restricted static address: 1
Number of dynamic addresses: 0
```

Address	Dest Interface	Type	Source Interface List
0000.0C01.BBCC	FastEthernet 0/3	Permanent	All
0000.0C02.BBCC	FastEthernet 0/6	Static	Fa0/7

可以看到永久地址有 1 个，设置在 Fa0/3 端口上，限制性地址有 1 个，设置目标端口为 Fa0/6，源端口为 Fa0/7。如果交换机上连接有其他计算机，则每个连接的端口会产生动态 MAC 地址表项。可以用 clear 命令清除 MAC 地址表的某项设置，比如下面命令可以清除限制性地址。

```
C2950#clear mac-address-table restricted static
```

在使用配置命令时候都可以使用缩写形式，缩写的程度到不引起命令混淆为前提，比如：Router>enable，在 Router>模式下以 en 开头的命令只有 enable 一个，所以该命令可以缩写为 en、ena、enab、enabl。

交换机的另外一个重要配置就是配置虚拟局域网，我们将在下一节中集中讨论有关 VLAN 的配置。

2.2　VLAN 划 分

2.2.1　VLAN 概述

VLAN 是在可包含多个物理网段的相同广播域中的一组联网设备。VLAN 技术是交换技术的重要组成部分，也是交换机的重要进步之一。它用以把物理上直接相连的网络从逻辑上划分为多个子网。每一个 VLAN 对应着一个广播域，处于不同 VLAN 上的主机不能进行通信，不同 VLAN 之间的通信要引入第三层交换技术才可以解决。交换机的初始状态有一个默认的 VLAN，所有的端口都属于这个 VLAN。

通过在支持 VLAN 的交换机上添加 VLAN，并动态地调整每个端口所属的 VLAN，实现一台物理的交换机上有多个 LAN，每个 LAN 称为 VLAN，VLAN 之间的广播报文互不可达，VLAN 间相互不影响。在一台 VLAN 型交换机上划分多少个 VLAN，交换机上就有多少个广播域，为了简单起见，称一个 VLAN 就是一个广播域。Cisco 生产的所有交换机上都支持 VLAN 功能。

1. VLAN 的优点

划分 VLAN 可以控制网络的广播风暴、确保网络安全及简化网络管理。

(1) 控制网络的广播风暴。采用 VLAN 技术，可将交换端口划到某个 VLAN 中，而一个 VLAN 的广播风暴不会影响其他 VLAN 的性能。

(2) 确保网络安全。共享式局域网之所以很难保证网络的安全性，是因为只要用户插入一个活动端口，就能访问网络。而 VLAN 能限制个别用户的访问，控制广播组的大小和位置，甚至能锁定某台设备的 MAC 地址，因此 VLAN 能确保网络的安全性。

(3) 简化网络管理。网络管理员能借助于 VLAN 技术轻松管理整个网络。例如需要为完成某个项目建立一个工作组网络，其成员可能遍及全国或全世界，此时，网络管理员只需设置几条命令，就能在几分钟内建立该项目的 VLAN 网络，其成员使用 VLAN 网络，就像在本地使用局域网一样。

2. VLAN 的分类

VLAN 主要划分三类：基于端口的 VLAN、基于 MAC 地址的 VLAN 和基于第三层的 VLAN。

(1) 基于端口的 VLAN。基于端口的 VLAN 是划分虚拟局域网最简单也是最有效的方法，这实际上是某些交换端口的集合，网络管理员只需要管理和配置交换端口，而不管交换端口连接什么设备。

(2) 基于 MAC 地址的 VLAN。由于只有网卡才分配有 MAC 地址，因此按 MAC 地址来划分 VLAN 实际上是将某些工作站和服务器划归于某个 VLAN。事实上，该 VLAN 是一些 MAC 地址的集合。当设备移动时，VLAN 能够自动识别。网络管理需要管理和配置设备的 MAC 地址，显然当网络规模很大，设备很多时，会给管理带来难度。

(3) 基于第三层的 VLAN。基于第 3 层的 VLAN 是采用在路由器中常用的方法：IP 子网和 IPX 网络号等。其中，局域网交换机允许一个子网扩展到多个局域网交换端口，甚至允许一个端口对应于多个子网。

2.2.2　VLAN 配置实例

1. 实验目的

● 学习交换机基本设置方法；
● 理解交换机端口属性；
● 掌握 VLAN 基本概念；
● 掌握 VLAN 划分方法；

● 熟练运用交换机 VLAN 配置命令。

2. 实验设备

● Cisco 交换机 1 台；
● PC 4 台；
● RJ45 双绞线 4 根；
● Console 电缆 1 根。

3. 实验过程

基于端口的 VLAN 划分是几种 VLAN 划分方法最简单有效的方法。如图 2-2 所示拓扑结构，给交换机添加新的 VLAN 2 和 VLAN 3，主机 PC1 和 PC2 划分到 VLAN 2 中，连接交换机的 Fa0/1 和 Fa0/2 端口，PC3 和 PC4 划分到 VLAN 3 中，连接交换机的 Fa0/23 和 Fa0/24 端口。

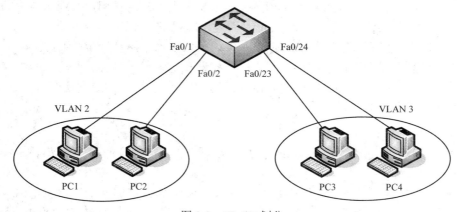

图 2-2　VLAN 划分

1) 主机配置

主机 PC1 设置如下：
　　IP 地址：192.168.0.1
　　子网掩码：255.255.255.0
主机 PC2 配置如下：
　　IP 地址：192.168.0.2
　　子网掩码：255.255.255.0
主机 PC3 配置如下：
　　IP 地址：192.168.1.1
　　子网掩码：255.255.255.0
主机 PC4 配置如下：
　　IP 地址：192.168.1.2
　　子网掩码：255.255.255.0

2) 创建 VLAN

以 Cisco2950 交换机为例，配置交换机，首先清除交换机原有的配置信息，再查看交换机的 VLAN 信息：

Switch#delete flash:vlan.dat	//删除已有的 VLAN 信息
Switch#erase startup-config	//清除已配置的启动文件
Switch#reload	//重新启动交换机

使用 show vlan 命令查看交换机的 VLAN 信息，结果如下：

Switch#show vlan

VLAN	Name	Status	Ports
1	default	active	Fa0/1, Fa0/2, Fa0/3, Fa0/4
			Fa0/5, Fa0/6, Fa0/7, Fa0/8
			Fa0/9, Fa0/10, Fa0/11, Fa0/12
			Fa0/13, Fa0/14, Fa0/15, Fa0/16
			Fa0/17, Fa0/18, Fa0/19, Fa0/20
			Fa0/21, Fa0/22, Fa0/23, Fa0/24
1002	fddi-default	act/unsup	
1003	token-ring-default	act/unsup	
1004	fddinet-default	act/unsup	
1005	trnet-default	act/unsup	

（省略）

可以看出所有的端口 Fa0/1-24 都在 VLAN 1 中（也就是默认 default 的 VLAN），下面我们来创建新的 VLAN，如下：

Switch#vlan database	//进入到 VLAN database 模式
Switch(vlan)#vlan 2 name VLAN2	//创建 VLAN 2，"2" 是序号
VLAN 2 added:	//已经添加 VLAN2，VLAN2 是该 VLAN 的名字
Name: VLAN2	//命名为 VLAN2
Switch(vlan)#vlan 3 name CLASS	//创建 VLAN 3，命名为 CLASS
VLAN 3 added:	
Name: CLASS	
Switch(vlan)#exit	

3) 给新创建的 VLAN 分配端口

Switch#config terminal

Switch(config)#interface Fa0/1

Switch(config-if)#switchport mode access

//把交换机端口修改成 access 模式，说明该端口为接入模式，而不是 Trunk 模式

Switch(config-if)#switchport access vlan 2　　　//把该端口划分到 VLAN 2 中

Switch(config-if)#interface Fa0/2

Switch(config-if)#switchport mode access

Switch(config-if)#switchport access vlan 2

```
Switch(config-if)#interface Fa0/23
Switch(config-if)#switchport mode access
Switch(config-if)#switchport access vlan 3
Switch(config-if)#interface Fa0/24
Switch(config-if)#switchport mode access
Switch(config-if)#switchport access vlan 3
Switch(config-if)#exit
Switch(config)#exit
```

查看交换机配置，结果如下：

```
Switch#show vlan
```

VLAN	Name	Status	Ports
1	default	active	Fa0/3, Fa0/4, Fa0/5, Fa0/6
			Fa0/7, Fa0/8, Fa0/9, Fa0/10
			Fa0/11, Fa0/12, Fa0/13, Fa0/14
			Fa0/15, Fa0/16, Fa0/17, Fa0/18
			Fa0/19, Fa0/20, Fa0/21, Fa0/22
2	VLAN2	active	Fa0/1, Fa0/2
3	CLASS	active	Fa0/23, Fa0/24

（省略）

可见交换机的 Fa0/1 和 Fa0/2 端口已经被划分到 VLAN 2 中，Fa0/23 和 Fa0/24 被划分到 VLAN 3 中。

4) 查看端口信息

使用 show interface 命令查看交换机端口状态，结果如下：

```
Switch#show interfaces FastEthernet0/1 Switchport        //查看 Fa0/1 端口的有关信息
Name: Fa0/1                                               //端口名字是 Fa0/1
Switchport: Enabled                                       //端口是交换端口
Administrative Mode: static access                        //端口接入模式，静态 access 模式
Operational Mode: static access                           //端口模式和管理员配置模式一致
Administrative Trunking Encapsulation: dot1q              //Trunk 端口封装模式
Operational Trunking Encapsulation: native
Negotiation of Trunking: Off                              //自动协商模式关闭
Access Mode VLAN: 2 (VLAN2)                               //Fa0/1 端口是接入模式，属于 VLAN 2
Trunking Native Mode VLAN: 1 (default)                    //Trunk 端口默认属于 VLAN 1
Voice VLAN: none                                          //本端口没有配置 Voice VLAN
```

（省略）

5）测试 VLAN 间通信

在主机 PC1 上 ping 主机 PC2，测试网络的连通性，结果如下：

    PC>ping 192.168.0.2

    Pinging 192.168.0.2 with 32 bytes of data:

    Reply from 192.168.0.2: bytes=32 time=63ms TTL=128
    Reply from 192.168.0.2: bytes=32 time=63ms TTL=128
    Reply from 192.168.0.2: bytes=32 time=43ms TTL=128
    Reply from 192.168.0.2: bytes=32 time=63ms TTL=128

    Ping statistics for 192.168.0.2:
        Packets: Sent = 4, Received = 4, Lost = 0 (0% loss),
    Approximate round trip times in milli-seconds:
        Minimum = 43ms, Maximum = 63ms, Average = 58ms

在主机 PC1 上 ping 主机 PC3，测试网络的连通性，结果如下：

    PC>ping 192.168.1.1

    Pinging 192.168.1.1 with 32 bytes of data:

    Request timed out.
    Request timed out.
    Request timed out.
    Request timed out.

    Ping statistics for 192.168.1.1:
        Packets: Sent = 4, Received = 0, Lost = 4 (100% loss),

由此可见，主机 PC1 和 PC2 在同一个 VLAN 中，可以相互访问，主机 PC1 和 PC3 不在同一个 VLAN 中，故不能相互访问。

> 注：如果把端口添加到一个事先未创建的 VLAN 中，交换机会自动创建一个 VLAN，VLAN 的名字为默认名，默认所有的端口都在 VLAN 1 上，故不能删除 VLAN 1。

    Switch#config terminal
    Switch(config)#interface Fa0/10
    Switch(config-if)#switchport mode access
    Switch(config-if)#switchport access vlan 10
    % Access VLAN does not exist. Creating vlan 10   //vlan 10 不存在，自动创建 vlan 10

再次查看交换机 VLAN 信息，结果如下：

```
Switch#show vlan

VLAN   Name                          Status   Ports
----  ----------------------------  --------  -----------------------------------------
1      default                       active   Fa0/3, Fa0/4, Fa0/5, Fa0/6
                                              Fa0/7, Fa0/8, Fa0/9, Fa0/11
                                              Fa0/12, Fa0/13, Fa0/14, Fa0/15
                                              Fa0/16, Fa0/17, Fa0/18, Fa0/19
                                              Fa0/20, Fa0/21, Fa0/22
2      VLAN2                         active   Fa0/1, Fa0/2
3      ClASS                         active   Fa0/23, Fa0/24
10     VLAN0010                      active   Fa0/10
```

前面的指令没有创建 VLAN 10，执行了把端口 Fa0/10 添加到 VLAN 10 的指令，所以自动创建了 VLAN 10，默认名字是 VLAN0010。

6) 删除 VLAN

删除 VLAN 10 用 no vlan 10 命令，10 标识序号，就是删除第 10 个 VLAN 的意思：

```
Switch#vlan database
Switch(vlan)#no vlan 10                                    //删除 VLAN 10
```

> 注：用指令 "no vlan 序号" 可以删除已添加的 VLAN(不能删除 VLAN 1)，删除某一 vlan 后，要把该 vlan 上的端口重新划分到别的 vlan 上，否则端口就会 "消失"。

2.3　跨交换机的 VLAN 划分

2.3.1　VTP 协议

VLAN 中继(VLAN Trunk)也称为 VLAN 干线，是指在交换机与交换机或交换机与路由器之间连接的情况下，在互相连接的端口上配置中继模式，使得属于不同 VLAN 的数据帧都可以通过这条中继链路进行传输。

VLAN 中继协议(VTP 协议)可以帮助同在一个 VTP 域的交换机设置 VLAN。VTP 协议可以维护 VLAN 信息全网的一致性。VTP 有三种工作模式：服务器模式(Server)、客户模式(Client)和透明模式(Transparent)。交换机工作在服务器模式下可以添加或删除 VLAN 信息，并且自动将这些信息广播到网上其他交换机以统一配置。交换机工作在客户模式下不能更改 VLAN 信息，只能被动接收服务器的 VLAN 配置。交换机工作在透明模式可以配置 VLAN 信息，但是不广播自己的 VLAN 信息，同时它可以接收到服务器发来的 VLAN 信息，但是不会修改自己的 VLAN 信息，而是直接将接收到的 VLAN 信息转发给别的交换机。

2.3.2　跨交换机 VLAN 配置实例

1. 实验目的

- 熟悉 VTP 协议；
- 熟悉跨交换机的 VLAN 划分；
- 熟练掌握 Trunk 端口配置方法；
- 熟练运用交换机 VLAN 配置指令。

2. 实验设备

- Cisco 交换机 2 台；
- PC 4 台；
- RJ45 双绞线数根；
- Trunk 电缆 1 根；
- Console 电缆 1 根。

3. 实验过程

如图 2-3 所示的拓扑结构，交换机 SW1 和交换机 SW2 通过 Trunk 电缆连接，配置交换机的 VTP 协议，交换机 SW1 为服务器模式，交换机 SW2 为客户端模式，交换机之间通过 Trunk 线缆交换 VLAN 信息，在交换机 SW1 上创建多个新的 VLAN，观察交换机 SW2 的 VLAN 信息变化过程。

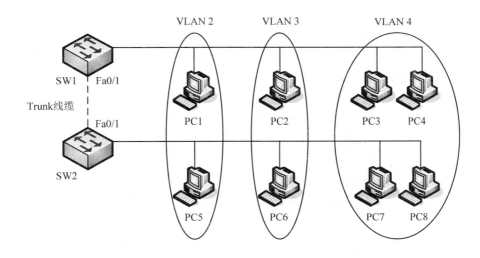

图 2-3　跨交换机的 VLAN 划分

1) 主机配置

主机 PC1 配置如下：

　　IP 地址：192.168.1.1

　　子网掩码：255.255.255.0

主机 PC5 配置如下：

　　IP 地址：192.168.1.5

　　子网掩码：255.255.255.0

主机 PC2 配置如下：

　　IP 地址：192.168.2.1

　　子网掩码：255.255.255.0

主机 PC6 配置如下：

　　IP 地址：192.168.2.5

　　子网掩码：255.255.255.0

2) 配置交换机 VTP 协议

　　将交换机 SW1 配置成 Server 模式，交换机 SW2 配置成 Client 模式。在交换机 SW1 上创建 VLAN 信息，则 VLAN 信息会自动广播到 Client 交换机。

　　交换机 SW1 配置如下：

```
SW1>enable                                    //进入特权模式
SW1#vlan database                             //进入 VLAN 配置子模式
SW1(vlan)#vtp ?                               //查看和 VTP 配合使用的命令
SW1(vlan)#vtp server                          //设置本交换机为 Server 模式
Setting device to VTP SERVER mode.
SW1(vlan)#vtp domain vtpserver                //设置域名
Changing VTP domain name from NULL to vtpserver
SW1(vlan)#vtp pruning                         //启动 VTP 裁剪功能
Pruning switched ON
SW1(vlan)#exit                                //退出 VLAN 配置模式
APPLY completed.
Exiting…
```

　　使用 show vtp status 命令查看 SW1 的 VTP 信息：

```
SW1#show vtp status                           //查看 VTP 设置信息
VTP Version                    : 2
Configuration Revision         : 0
Maximum VLANs supported locally : 64
Number of existing VLANs       : 1
VTP Operating Mode             : Server        //服务器模式
VTP Domain Name                : vtpserver     //域名为 vtpserver
VTP Pruning Mode               : Enable
VTP V2 Mode                    : Disabled
VTP Traps Generation           : Disabled
MD5 digest                     : 0x82 0x6B 0xFB 0x94 0x41 0xEF 0x92 0x30
Configuration last modified by 0.0.0.0 at 3-1-93 00:02:51
```

交换机 SW2 配置如下：

```
SW2#vlan database
SW2(vlan)#vtp client                                //交换机 SW2 配置成 client 模式
Setting device to VTP CLIENT mode.
SW2(vlan)#vtp domain vtpserver                       //域名必须和 Server 的域名相同
SW2(vlan)#exit
```

3) 配置交换机 VLAN Trunk 端口

多个交换机之间通过 Trunk 线缆传送 VLAN 信息，跨交换机的同一 VLAN 间的数据也经过 Trunk 电缆传送。

```
SW1(config)#interface Fa0/1                          //进入端口 Fa0/1 配置模式
SW1(config-if)#switchport mode trunk                 //设置当前端口为 Trunk 模式
SW1(config-if)#switchport trunk allowed vlan all     //Trunk 端口允许所有 VLAN 信息通过
```

交换机 SW2 也要声明连接的 Fa0/1 端口为 Trunk 模式：

```
SW2(config)#interface Fa0/1
SW2(config-if)#switchport mode trunk
SW2(config-if)#switchport trunk allowed vlan all
```

> 注：此步骤不是必须的，如果交换机的型号是 Cisco2950，必须设置 Trunk 端口，如果是 Cisco3550
> 或更高型号，则不需要，交换机会自动识别 Trunk 电缆，将连接 Trunk 电缆的端口自动设置成
> 为 Trunk 端口。

4) 创建 VLAN

VLAN 信息只能在服务器模式或透明模式的交换机上创建，因此只能在 SW1 创建 VLAN 信息。

```
SW1#vlan database
SW1(vlan)#vlan 2                                     //创建一个 VLAN2
VLAN 2 added:
    Name: VLAN0002                                   //系统自动命名
SW1(vlan)#vlan 3 name test3                          //创建一个 VLAN3，并命名为 test3
VLAN 3 added:
    Name: test3
SW1(vlan)#vlan 4
VLAN 4 added:
    Name: VLAN0004
SW1(vlan)#exit
```

> 注：交换机 SW2 是 client 工作模式，无须创建 VLAN，SW2 只接收从 Trunk 线缆传输过来的 VLAN
> 信息，同时自动更新自己的 VLAN 信息。

查看交换机 SW2 的 VLAN 信息，结果如下：

```
SW2#show vlan
```

VLAN	Name	Status	Ports
1	default	active	Fa0/2, Fa0/3, Fa0/4, Fa0/5
			Fa0/6, Fa0/7, Fa0/8, Fa0/9
			Fa0/10, Fa0/11, Fa0/12, Fa0/13
			Fa0/14, Fa0/15, Fa0/16, Fa0/17
			Fa0/18, Fa0/19, Fa0/20, Fa0/21
			Fa0/22, Fa0/23, Fa0/24
2	VLAN0002	active	
3	test3	active	//VLAN 3 的名字是 test3
4	VLAN0004	active	

（省略）

可见交换机 SW2 上的 VLAN 信息与交换机 SW1 保持一致，自动添加了 VLAN0002、test3 和 VLAN0004。

思考： 为什么 Fa0/1 端口不见了？

5) 设置交换机端口属于哪个 VLAN

交换机 SW1 的端口配置如下：

```
SW1#config terminal
SW1(config)#interface Fa0/2                    //进入端口 2 的配置模式
SW1(config-if)#switchport mode access          //设置端口为静态 VLAN 访问模式
SW1(config-if)#switchport access vlan 2        //把端口 2 分配给 VLAN2
SW1(config-if)#exit
SW1(config)#interface Fa0/3
SW1(config-if)#switchport mode access
SW1(config-if)#switchport access vlan 3
SW1(config-if)#exit
```

交换机 SW2 端口配置如下：

```
SW2#config terminal
SW2(config)#interface Fa0/2                    //进入端口 2 的配置模式
SW2(config-if)#switchport mode access          //设置端口为静态 VLAN 访问模式
SW2(config-if)#switchport access vlan 2        //把端口 2 分配给 VLAN2
SW2(config-if)#exit
SW2(config)#interface Fa0/3
SW2(config-if)#switchport mode access
SW2(config-if)#switchport access vlan 3
```

SW2(config-if)#exit

交换机 SW2 是 client 模式，同样需要设置自己的端口属于哪个 VLAN。总之，把 PC 与交换机连接的端口添加到相应的 VLAN 中就可以了。

查看 SW1 的 VLAN 信息，结果如下：

SW1#show vlan

VLAN	Name	Status	Ports
1	default	active	Fa0/4, Fa0/5, Fa0/6, Fa0/7
			Fa0/8, Fa0/9, Fa0/10, Fa0/11
			Fa0/12, Fa0/13, Fa0/14, Fa0/15
			Fa0/16, Fa0/17, Fa0/18, Fa0/19
			Fa0/20, Fa0/21, Fa0/22, Fa0/23
			Fa0/24
2	VLAN0002	active	Fa0/2　　//端口 2 在 VLAN 2 中
3	test3	active	Fa0/3　　//端口 3 在 VLAN 3 中
4	VLAN0004	active	//可以添加其他端口

（省略）

查看 SW2 的 VLAN 信息，观察结果与 SW1 的 VLAN 信息有何不同？

6) 测试结果

在主机 PC1 上 ping 主机 PC5，测试网络的连通性，结果如下：

PC>ping 192.168.1.5

Pinging 192.168.1.5 with 32 bytes of data:

Reply from 192.168.1.5: bytes=32 time=125ms TTL=127
Reply from 192.168.1.5: bytes=32 time=125ms TTL=127
Reply from 192.168.1.5: bytes=32 time=98ms TTL=127
Reply from 192.168.1.5: bytes=32 time=125ms TTL=127

Ping statistics for 192.168.1.5:
    Packets: Sent = 4, Received = 4, Lost = 0 (0% loss),
    Approximate round trip times in milli-seconds:
        Minimum = 98ms, Maximum = 125ms, Average = 118ms

结果表明，主机 PC1 和 PC5 虽然连接在不同的交换机上，但是因为连接的端口同在一个 VLAN（即 VLAN0002）中，所以可以相互访问。

同样的方式，测试 PC2 和 PC6 是否连通？测试 PC1 和 PC6 是否连通？

2.4　交换机远程登录

2.4.1　交换机远程登录

远程登录(Telnet)协议是 TCP/IP 协议簇的一员，是 Internet 远程登录服务的标准协议和主要方式。它是属于应用层的协议，采用客户端/服务器模型，使用 TCP 23 号端口为用户提供在本地主机上登录远程设备的服务。远程登录使用 Telnet 命令，使自己的计算机暂时成为远程网络设备的一个仿真终端的过程。仿真终端等效于一个非智能的机器，它只负责把用户输入的每个字符传递给主机，再将主机输出的每个信息回显在屏幕上。

用 Console 电缆登录网络设备是一种本地登陆方式，但实际的网络设备管理中，大都需要远程登录的方式登录到网络设备，以便随时随地管理用户的设备。交换机与路由器不同，路由器任何一个端口均可以配置 IP 地址，对于二层交换机来说，所有的端口都是二层端口，不能配置 IP 地址。大多数三层交换机，在默认情况下端口仍然是二层的，也不能配置 IP 地址，但可以通过命令，把二层的交换端口转换成三层的路由端口，就可以配置 IP 地址了。二层交换机虽然不能路由，但本身可以被配置一个 IP 地址，用来实现对交换机的远程管理。

2.4.2　配置实例

1. 实验目的
● 熟悉交换机远程登录概念；
● 掌握交换机远程登录过程。

2. 实验设备
● Cisco 路由器 1 台；
● Cisco 交换机 1 台；
● PC 1 台；
● 连接线缆数根；
● Console 电缆 1 根。

3. 实验过程

如图 2-4 所示的拓扑结构，交换机 SW1 为远程交换机，主机 PC0 通过路由器 R1 远程登录到交换机 SW1 上。

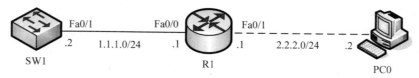

图 2-4　交换机远程登录

1) 主机配置

主机 PC0 配置如下：

　　IP 地址：2.2.2.2

　　子网掩码：255.255.255.0

　　网关：2.2.2.1

2) 路由器配置

路由器 R1 配置如下：

```
Router>enable
Router#config terminal
Router(config)#hostname R1
R1(config)#no cdp run                              //关闭 CDP 协议
R1(config)#interface Fa0/0
R1(config-if)#ip address 1.1.1.1 255.255.255.0
R1(config-if)#no shutdown
R1(config-if)#interfaceFa0/1
R1(config-if)#ip address 2.2.2.1 255.255.255.0
R1(config-if)#no shutdown
R1(config-if)#exit
```

3) 交换机配置

交换机 SW1 支持远程登录，配置如下：

```
Switch>enable
Switch#config terminal
Swith(config)#hostname SW1                          //交换机命名为 SW1
SW1(config)#enable password cisco
SW1(config)#interface vlan 1                        //配置交换机 IP 地址，作为远程登录的地址
SW1(config-if)#ip address 1.1.1.2 255.255.255.0
SW1(config-if)#no shutdown                          //vlan 端口属于三层端口，需要激活
SW1(config-if)#exit
SW1(config)#line vty 0 4                            //设置远程登录
SW1(config-line)#password cisco                     //远程登录必须设置登录密码
SW1(config-line)#login
SW1(config-line)#exit
```

4) 查看交换机信息

查看交换机 SW1 工作状态，结果如下：

```
SW1#show running-config
（省略）
interface Vlan1
ip address 1.1.1.2 255.255.255.0
```

```
//VLAN 的 IP 地址，交换机端口不能直接设置 IP 地址
!
ip default-gateway 1.1.1.2                        //远程访问的网关
!
!
line con 0
!
line vty 0 4
    password cisco                                //远程访问密码
    login
line vty 5 15
    login
!
end
```

5) 测试结果

在 PC0 上测试远程登录，结果如下：

```
PC>telnet 1.1.1.2
Trying 1.1.1.2 ...Open


User Access Verification


Password:
SW1>enable
Password:                    //输入密码时无任何显示，输入正确后按 enter 即可进入特权模式
SW1#vlan database
SW1(vlan)#vlan 2            //用远程登录创建 VLAN 2
SW1(vlan)#exit
SW1#
```

在交换机端查询，结果如下：

```
SW1#show vlan
```

VLAN	Name	Status	Ports
1	default	active	Fa0/1, Fa0/2, Fa0/3, Fa0/4
			Fa0/5, Fa0/6, Fa0/7, Fa0/8
			Fa0/9, Fa0/10, Fa0/11, Fa0/12
			Fa0/13, Fa0/14, Fa0/15, Fa0/16
			Fa0/17, Fa0/18, Fa0/19, Fa0/20
			Fa0/21, Fa0/22, Fa0/23, Fa0/24

2	VLAN0002	active	//远程登录创建的 VLAN
1002	fddi-default	act/unsup	
1003	token-ring-default	act/unsup	
1004	fddinet-default	act/unsup	
1005	trnet-default	act/unsup	

可见，使用远程登录之后，在终端 PC0 上可以对远程交换机进行操作。

2.5　交换机安全配置

2.5.1　交换机密码配置

可以通过使用口令来限制访问，以保护交换机。使用口令并指定权限级别是一种在网络中提供终端访问控制的简单方式。可对单独的线路和特权 EXEC 模式设置口令，口令要区分大小写。交换机上各个 Telnet 端口称为虚拟类型终端(Virtual Teletype Terminal，VTY)。交换机上最多有五个 VTY 端口，允许同时进行五个 Telnet 会话，交换机上将 VTY 端口编号为 0 至 4。如图 2-5 所示拓扑结构，主机 PC0 与交换机 SW1 通过 Console 电缆连接，给交换机 SW1 设置交换机口令。

Console 电缆

SW1　　　　　　　　　　　PC0

图 2-5　交换机安全配置

交换机 SW1 口令设置如下：

　　SW1#config terminal

　　SW1(config)#line console 0

　　SW1(config-line)#login

　　SW1(config-line)#password cisco　　　　　　　　　　　//登录口令设置为 cisco

虚拟终端口令如下：

　　SW1#config terminal

　　SW1(config)#line vty 0 4

　　SW1(config-line)#login

　　SW1(config-line)#password cisco

使能口令如下：

　　SW1(config)#enable password cisco

使能加密口令如下：

　　SW1(config)#enable secret class

服务口令加密命令如下：

SW1(config)#service password-encryption

SW1(config)#no service password-encryption

2.5.2 交换机端口安全

可以通过配置交换机端口的安全特性，使得非法 MAC 地址设备接入时，交换机自动关闭端口或者拒绝非法设备接入，也可以限制某个端口上最大的 MAC 地址数。

1. 交换机上的 MAC 地址表

如图 2-6 的拓扑图，交换机 S1 是我们要配置的交换机，路由器 R1 和 R2 分别连接交换机的 Fa0/1 和 Fa0/2 端口。

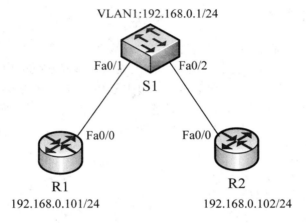

VLAN1:192.168.0.1/24

图 2-6　交换机端口安全

交换机 S1 配置如下：

S1#configure terminal

S1(config)#interface vlan 1

S1(config-if)#ip address 192.168.0.1 255.255.255.0

路由器 R1 配置如下：

R1#configure terminal

R1(config)#interface Fa0/0

R1(config-if)#ip address 192.168.0.101 255.255.255.0

R1(config-if)#no shutdown

路由器 R2 配置如下：

R1#configure terminal

R2(config)#interface Fa0/0

R2(config-if)#ip address 192.168.0.102 255.255.255.0

R2(config-if)#no shutdown

查看路由器 R1 的端口 Fa0/0，结果如下：

R1#show interfaces Fa0/0

FastEthernet0/0 is up, line protocol is up (connected)

　　　　Hardware is Lance, address is 000c.8572.eb01 (bia **000c.8572.eb01**)　　　//路由器 MAC 地址

Internet address is 192.168.0.101/24　　　//IP 地址是之前设定的

（省略）

查看路由器 R2 的端口 Fa0/0，结果如下：

R2#show interfaces Fa0/0

FastEthernet0/0 is up, line protocol is up (connected)

　　　　Hardware is Lance, address is 0090.2110.5001 (bia **0090.2110.5001**)　　　//路由器 MAC 地址

Internet address is 192.168.0.102/24

查看交换机 S1 上的 MAC 地址表，结果如下：

S1#show mac-address-table

　　　　　　Mac Address Table

Vlan	Mac Address	Type	Ports	
1	000c.8572.eb01	DYNAMIC	Fa0/1	//路由器 R1 的 MAC 地址
1	0090.2110.5001	DYNAMIC	Fa0/2	//路由器 R2 的 MAC 地址

　　从结果可以看出路由器 R1 连接到交换机 S1 的 Fa0/1 端口，路由器 R2 连接到交换机 S1 的 Fa0/2 端口。"Type"列的"DYNAMIC"表示 MAC 记录是交换机动态学习到的，"STATIC"表示 MAC 记录是静态配置或系统保留的。

　　执行下面的命令：

S1(config)#mac-address-table static 000c.8572.eb01 vlan 1 interface Fa0/1

//把路由器 R1 的 MAC 地址静态添加到 MAC 表中

重新查看 S1 上的 MAC 地址表，结果如下：

S1#show mac-address-table

　　　　　　Mac Address Table

Vlan	Mac Address	Type	Ports	
1	000c.8572.eb01	**STATIC**	Fa0/1	//路由器 R1 的 MAC 地址
1	0090.2110.5001	DYNAMIC	Fa0/2	

　　可见，路由器 R1 的 MAC 地址被静态添加到交换机 S1 的 MAC 表中，在 S1 的 MAC 地址表中，记录类型变为 STATIC，表示永不从 MAC 表中超时。对于服务器等位置较为稳定的计算机，为了安全起见，建议配置静态 MAC 地址表。

S1(config)#no mac-address-table static 000c.8572.eb01 vlan 1 interface Fa0/1

　　//删除静态配置的 MAC 地址表

2. 静态安全 MAC 地址

　　静态安全设置可以限制交换机端口下的 MAC 条目的数量，防止网络受到攻击时，交换机可以采取的动作。拓扑图如 2-6 所示。

　　交换机 S1 上添加下面的指令：

　　　　S1(config)#default interface Fa0/1

　　　　S1(config-if)#shutdown

　　　　S1(config-if)#switchport mode access　　　　　　　　//端口设置为接入模式

　　　　S1(config-if)#switchport port-security　　　　　　　//打开交换机端口安全功能

　　　　S1(config-if)#switchport port-security maximum 1

　　　　//默认设置，只允许该端口下的 MAC 条目最大数量为 1

　　　　S1(config-if)#switchport port-security violation shutdown

　　　　//配置攻击发生时端口要采取的动作：关闭端口。

　　命令 switchport port-security violation {protect | shutdown | restrict}参数中，含义如下：

　　Protect——当新的计算机接入时，如果该端口的 MAC 条目超过最大数量，则这个新的计算机无法接入，原有计算机不受影响，交换机也不发送警告信息。

　　Restrict——当新的计算机接入时，如果该端口的 MAC 条目超过最大数量，则这个新的计算机无法接入，并且交换机将发送警告信息。

　　Shutdown——当新的计算机接入时，如果该端口的 MAC 条目超过最大数量，则该端口将会被关闭，新的计算机和原有的计算机都无法接入，需要管理员使用"no shutdown"指令重新打开。

　　　　S1(config-if)#switchport port-security mac-address 000c.8572.eb01

　　　　//允许路由器 R1 接入交换机 S1 的 Fa0/1 端口

　　　　S1(config-if)#no shutdown

　　测试结果，在交换机 S1 上查看 MAC 地址表，结果如下：

　　　　S1#show mac-address-table

　　　　　　　　　Mac Address Table

　　　　--

Vlan	Mac Address	Type	Ports	
1	000c.8572.eb01	**STATIC**	Fa0/1	//路由器 R1 的 MAC 地址
1	0090.2110.5001	DYNAMIC	Fa0/2	

　　可见路由器 R1 的 MAC 地址已经被登记在 Fa0/1 端口上，且是静态加入的，这时，从路由器 R1 上 ping 交换机 S1 的管理地址，结果如下：

　　　　R1#ping 192.168.0.1

Type escape sequence to abort.

Sending 5, 100-byte ICMP Echos to 192.168.0.1, timeout is 2 seconds:

!!!!!

Success rate is 100 percent (5/5), round-trip min/avg/max = 31/31/32 ms

下面我们修改路由器 R1 的 MAC 地址：

R1(config)#interface Fa0/0

R1(config-if)#shutdown

R1(config-if)#mac-address 1.1.1

R1(config-if)#no shutdown

几秒之后，交换机 S1 上出现下面的提示：

%LINEPROTO-5-UPDOWN: Line protocol on Interface FastEthernet0/1, changed state to down

同时，交换机 S1 连接路由器 R1 的 Fa0/1 端口状态发生改变，变成关闭状态。表明交换机 S1 的 Fa0/1 端口被关闭，验证了上面设置的静态 MAC 接入，只允许某一固定 MAC 地址的设备接入。在路由器 R1 的 Fa0/0 端口上，执行"no mac-address 1.1.1"，在交换机 S1 的 Fa0/1 端口上执行"shutdown"和"no shutdown"命令，可以重新打开该端口，交换机端口恢复正常状态。

3. 动态安全 MAC 地址

动态接入 MAC 地址实质就是交换机端口只能接入一台设备，但是不限制接入设备的 MAC 地址。动态安全 MAC 地址和静态安全 MAC 地址的差别仅仅是少配置一条"switchport port-security mac-address 000c.8572.eb01"命令，具体配置如下：

S1(config)#default interface Fa0/1

S1(config-if)#shutdown

S1(config-if)#switchport mode access　　　　　//端口设置为接入模式

S1(config-if)#switchport port-security　　　　　//打开交换机端口安全功能

S1(config-if)#switchport port-security maximum 1

//默认设置，只允许该端口下的 MAC 条目最大数量为 1

S1(config-if)#switchport port-security violation shutdown

//配置攻击发生时端口要采取的动作：关闭端口。

当交换机 Fa0/1 端口连接的设备接入后，该设备的 MAC 地址将作为 STATIC 类型添加到 MAC 表中。当第二台设备接入时，由于 Fa0/1 端口最大 MAC 地址数为 1，该设备被认为是入侵，交换机关闭端口 Fa0/1。

4. 黏滞安全 MAC 地址

静态安全 MAC 地址可以使得交换机的端口 Fa0/1 只能接入某一固定的设备，需要执行指令"switchport port-security mac-address 000c.8572.eb01"，这样带来的问题是需要一一查询接入设备的 MAC 地址，对于大型网络来说，工作量是相当大的，黏滞安全 MAC 地址可以解决这个问题，接上面的例子，交换机 S1 需要添加的命令如下：

S1(config)#interface Fa0/1

S1(config-if)#shutdown

S1(config-if)#switchport mode access

S1(config-if)#switchport port-security

S1(config-if)#switchport port-security maximum 1

S1(config-if)#switchport port-security violation shutdown

S1(config-if)#switchport port-security mac-address sticky

//配置交换机端口自动黏滞 MAC 地址

S1(config-if)#no shutdown

用 show running-config 命令查看交换机当前状态，结果如下：

S1#show running-config

Building configuration…

Current configuration : 1188 bytes

!

interface FastEthernet0/1

　　switchport mode access

　　switchport port-security

　　switchport port-security mac-address sticky

　　switchport port-security mac-address sticky 000c.8572.eb01

（省略）

可以看出，交换机自动把路由器 R1 的 MAC 地址黏滞在 Fa0/1 端口下了，相当于执行了"switchport port-security mac-address sticky 000c.8572.eb01"命令，以后该端口只能接入路由器 R1。实际工程中，如果需要将 MAC 地址和交换机端口绑定，可以对端口进行批量设置，命令如下：

S1(config)#interface range Fa0/1-Fa0/20 　　　　　　　　//批量配置 Fa0/1-Fa0/20 端口

S1(config-if-range)#shutdown

S1(config-if-range)#switchport mode access

S1(config-if-range)#switchport port-security

S1(config-if-range)#switchport port-security maximum 1

S1(config-if-range)#switchport port-security violation shutdown

S1(config-if-range)#switchport port-security mac-address sticky

连接交换机的 Fa0/1~Fa0/20 端口上的 PC 都开机以后，确认所有的 PC 上的 MAC 地址被黏滞后，保存当前的配置文件，执行"S1#copy running-config startup-config"命令。

交换机发现有入侵时则关闭端口，需要管理员重新打开端口，也可以配置端口自动恢复，代码如下：

S1(config)#errdisable recovery cause procure-violation

//允许交换机自动恢复因为端口安全而关闭的端口

S1(config)#errdisable recovery interval 60

//配置交换机 60 s 后自动恢复端口

2.5.3　交换机易受到的安全威胁和防御措施

交换机运行过程中经常受到的威胁有 MAC 地址泛洪、DHCP 欺骗、CDP 攻击以及 ARP 攻击。

1. MAC 地址泛洪

交换机正常工作时以数据帧的源介质访问控制地址(Media Access Control Address，MAC 地址)进行学习，根据数据帧的目的 MAC 地址进行转发。根据交换机的型号不同，可容纳的 MAC 地址数量也不同，在正常情况下，MAC 地址表的容量足够使用。

如果有外来的攻击主机，通过程序伪造大量包含随机源 MAC 地址的数据帧发往交换机，有些攻击程序一分钟内可以发出十几万个伪造的 MAC 地址，交换机根据数据帧中的源 MAC 地址进行学习，一般交换机的 MAC 地址表容量是几千条，交换机的 MAC 地址表会瞬间达到饱和，交换机再收到数据帧，不管是单播、组播还是广播，交换机都不再学习 MAC 地址。如果交换机在 MAC 地址表中找不到目的 MAC 地址对应的端口，交换机将会和集线器一样，向所有端口广播数据帧，而不管是单播、组播还是广播数据帧，只要在攻击主机上安装网络捕获软件，如 sniffer 之类，就可以捕获网络流量，加以分析，从而达到窃听的目的。

MAC 地址表有一个老化时间，默认是 5 分钟，如果交换机在 5 分钟之内没有再收到一个 MAC 地址表条目的数据帧，交换机将从 MAC 地址表中清除这个 MAC 地址条目；如果收到，则刷新 MAC 地址表老化时间。为了保证这种攻击总是有效，攻击主机必须持续不断地发动 MAC 地址攻击。

针对 MAC 地址泛洪，可以配置交换机的端口安全，限制交换机每个端口可以学习到的 MAC 地址数量，这样攻击主机即使伪造很多的源 MAC 地址，交换机也只能学习到有限的 MAC 地址，配置代码如下：

```
Switch#config terminal
Switch(config)#interface Fa0/2                    //进入需要配置的端口
Switch(config-if)#switchport mode access
Switch(config-if)#switchport port-security
```
//启用交换机端口的端口安全，启用交换机端口后，该端口只学习一个 MAC 地址

配置交换机的端口安全后，可以有效地防止 MAC 地址泛洪攻击。配置了端口安全的交换机端口，如果从端口收到了第二个源 MAC 地址数据帧，交换机将关闭该端口。还可以设置成学习到有限个数量的源 MAC 地址，如下：

```
Switch(config-if)#switchport port-security maximum ?
    <1-132>    Maximum addresses
```

可以看到该端口最大可以支持 132 个 MAC 地址，不同型号的交换机该数值是不同的。不管配置交换机端口的什么安全特性，"switchport port-security"命令是必须配置的，相当于端口安全的配置开关。

```
Switch(config-if)#switchport port-security maximum 50    //配置该端口可以学习 50 个源 MAC 地址
```

交换机上还支持一次配置多个端口，例如对端口 Fa0/1、Fa0/2、Fa0/3、Fa0/4、Fa0/5 和 Fa0/10 启用端口安全，每个端口最大允许的 MAC 地址数目是 10，违反规定的动作时约

束，配置代码如下：

```
SW1(config)#interface range Fa0/1-5，Fa0/10          //不连续的端口用逗号分开
SW1(config-if-range)#switchport mode access
SW1(config-if-range)#switchport port-security          //打开端口安全
SW1(config-if-range)#switchport port-security maximum 30
SW1(config-if-range)#switchportport-securityviolation restrict
```

对于违反安全规定的端口，可以采用约束，与 shutdown 差不多，该端口可以发送日志消息，违反计数器的值会增加，但是不关闭端口。

交换机端口安全中还包括 MAC 地址绑定，代码如下：

```
Switch#config terminal
Switch(config)#interface Fa0/1
Switch(config-if)switchport port-security mac-address 0019.556e.153f
//将 mac 地址为 "0019.556e.153f" 的主机和交换机端口 Fa0/1 绑定
```

可以使用"show port-security interface"命令查看交换机端口安全的设置和违反规定计数器的值，查询结果如下：

```
SW1#show port-security interface Fa0/1
Port Security                 : Enabled
Port Status                   : Secure-up
Violation Mode                : Shutdown
Aging Time                    : 0 mins
Aging Type                    : Absolute
SecureStatic Address Aging    : Disabled
Maximum MAC Addresses         : 30
Total MAC Addresses           : 1
Configured MAC Addresses      : 1          //绑定了一个 MAC 地址
Sticky MAC Addresses          : 0
Last Source Address:Vlan      : 00E0.A37A.6201:1
Security Violation Count      : 0
```

使用"show port-security"命令查看所有配置了端口安全的交换机端口的最大允许MAC地址数、当前学到的 MAC 地址数、违反了安全规则多少次，违反规定的动作等。

```
SW1#show port-security
Secure Port MaxSecureAddr CurrentAddr SecurityViolation Security Action
```

Secure Port	MaxSecureAddr (Count)	CurrentAddr (Count)	SecurityViolation (Count)	Security Action
Fa0/1	30	0	0	Shutdown
Fa0/2	30	0	0	Shutdown
Fa0/3	30	0	0	Shutdown
Fa0/4	30	0	0	Shutdown
Fa0/5	30	0	0	Shutdown
Fa0/10	30	0	0	Shutdown

2. DHCP 欺骗

如图 2-7 所示拓扑结构，在没有动态主机配置协议（Dynamic Host Configuration Protocol，DHCP）欺骗的情况下，DHCP 客户机可以从合法 DHCP 服务器获取到正确的 IP 地址、子网掩码、网关和 DNS。如果网络中存在非法的 DHCP 服务器，该服务器可以任意向外分配地址，而且非法的 DHCP 服务器离客户端更近，DHCP 客户端更容易获取到非法 DHCP 服务器分配的假 IP 地址。

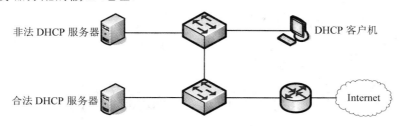

图 2-7　DHCP 欺骗

如果非法 DHCP 服务器仅是随便分配 IP 地址，指挥影响用户的正常上网，并没有攻击意图，危害不会很大。如果攻击者分配假的网关，比如将网关指向一台攻击主机，客户机首先把网络流量发往攻击主机，攻击主机再把网络流量发给真正的主机，这样就很容易泄露一些机密信息，这种攻击也叫中间人攻击。如果非法 DHCP 服务器分配一个恶意的 DNS 服务器，在 DNS 服务器上再配置一个错误的域名，这样客户机的所有流量都流经主机并攻击主机，泄露一些机密信息从而造成巨大的经济损失。

我们可以通过配置交换机来防止 DHCP 欺骗，在实际的 Cisco2960 交换机里可以配置：

　　　Cisco2960(config)#ip dhcp snooping

启用交换机的 DHCP 欺骗功能，启用后，交换机会构造一个 DHCP 的绑定表，表中会记录一个客户端的 MAC 地址和对应的 IP 地址、VLAN 号和端口号。

　　　Cisco2960(config)#ip dhcp snooping vlan 1　　　　　//在 VLAN 1 上启用 DHCP 欺骗功能

　　　Cisco2960(config)#interface Fa0/1

启动 DHCP 欺骗功能后，在默认情况下交换机上的所有端口都是不信任端口，不信任端口不接收 DHCP 的应答消息。需要把交换机之间的互连端口和连接合法 DHCP 服务器的端口配置成信任端口，如图 2-8 所示的画圈的端口需要配置成信任端口。

　　　Cisco2960(config-if)#ip dhcp snooping trust

　　　Cisco2960(config-if)#interface range Fa0/2-24

　　　Cisco2960(config-if-range)#ip dhcp snooping limit rate 2

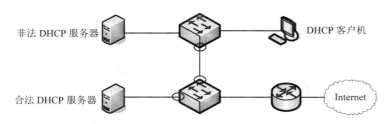

图 2-8　配置 DHCP 欺骗的信任端口

可选配置，限制非信任端口发送 DHCP 请求包的速率，避免非法用户大量发送 DHCP 请求包，耗尽 DHCP 服务器地址池中的可用 IP 地址。

3. CDP 攻击

持续数据保护（Continuous Data Protection，CDP）是思科的设备发现协议，在默认情况下，所有思科的路由器和交换机都运行 CDP 协议。CDP 是一个二层协议，被广播发送，不使用验证和加密，攻击者可以从 CDP 消息中，查看到此刻设备的 IP 地址和 IOS 版本等信息。有些 IOS 信息可能存在 bug，攻击者可以利用 bug 对思科设备发动攻击。实际使用中建议禁用 CDP 协议。

```
Switch(config)#no cdp run
```

4. ARP 攻击

地址解析协议（Address Resolution Protocol，ARP）攻击是目前局域网中危害最大、影响最深的网络攻击手段，并在互联网上有很多 ARP 攻击软件可以下载，这些攻击软件的使用使得我们的网络随时都处于威胁之中。

1) ARP 的攻击原理

TCP/IP 协议中，每一个网络节点都是用 IP 地址标识的，IP 地址是一个逻辑地址。在以太网中数据包是依靠 48 位 MAC 地址寻址的，所以必须建立 IP 地址与 MAC 地址之间的对应关系。TCP/IP 协议栈维护着一个 ARP cache 表，在构造网络数据包时，首先从 ARP 表中找目标 IP 对应的 MAC 地址，如果找不到，就发一个 ARP request 广播包，请求具有该 IP 地址的主机报告它的 MAC 地址，当收到目标 IP 的 ARP reply 后，更新 ARP cache。

2) ARP 缺陷

由于 ARP 协议是建立在信任局域网内所有节点基础上的，所以很高效，但不安全。ARP 协议是无状态的协议，不会检查自己是否发过请求包，也不管是不是合法的应答，只要收到目标 MAC 是自己的 ARP reply 包或 ARP 广播包，都会接受并缓存。这就为 ARP 欺骗提供了漏洞，恶意节点可以发布虚假的 ARP 报文从而影响网内节点的通信。

3) 常见的 ARP 攻击类型

(1) IP 地址冲突：ARP 攻击者利用这一原理，用任意的 MAC（非被攻击者真实的 MAC 地址）填充"发送端以太网址"字段，用被攻击者的 IP 地址填充"发送端 IP"字段，用被攻击者的真实 MAC 地址填充"目的以太网地址"字段，用被攻击者的 IP 地址填充"目的 IP"字段。当被攻击者收到这样的 ARP 应答后，就认为本机的 IP 地址在网络上已经被使用，弹出 IP 地址冲突对话框。

(2) ARP 欺骗：用错误的 MAC 地址和 IP 地址对应起来欺骗其他主机，使其他主机网络访问失败。目前网络上常见的就是这样的攻击，用网关 IP 地址和错误的 MAC 地址向外宣告，使被欺骗主机网络访问失败。

(3) ARP 攻击：用本机的 MAC 地址和被欺骗的 IP 地址向外宣告，从而达到欺骗目标主机的目的，起到中间人攻击的效果。交换机上经常用 ARP 绑定的方法解决 ARP 攻击，就是在目标设备和受害计算机上分别进行 IP 地址和 MAC 地址进行绑定，使非法的 ARP 攻击无法进行。

实　验　报　告

实验名称＿＿＿＿＿＿＿＿＿＿＿＿＿＿＿＿＿＿＿＿＿＿＿＿＿＿＿

实验日期＿＿＿＿＿年＿＿＿＿＿月＿＿＿＿＿日
实验地点＿＿＿＿＿＿＿＿＿＿＿＿＿＿＿＿＿

一、实验目的

二、实验环境(或实验设备需求)

三、实验基本原理(或方案设计及理论计算)
　　(画出实验需要的拓扑结构图，详细标注每个连接点的端口号和终端的 IP 地址)

四、实验数据记录(或仿真及软件设计)

五、实验结果分析及回答问题(或测试环境及测试结果)

六、心得体会

教师签名:

第三章　路由器配置

3.1　路由器概述

路由器(Router)是一种连接多个网络或网段的网络设备，它能将不同网络或网段之间的数据信息进行"翻译"，以使它们能够相互"读"懂对方的数据，从而构成一个更大的网络。路由器是一种典型的网络层设备，在 OSI 参考模型中被称为中介系统，完成网络层中继或第三层中继的任务。路由器负责在两个局域网的网络层间传输数据分组，并确定网络上数据传送的最佳路径。路由器运行 IP 协议基于第三层信息来为分组选择路由，如图 3-1 所示，路由器已经成为 Internet 的骨干。

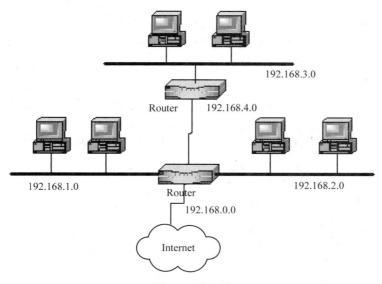

图 3-1　路由器

路由器用于连接多个逻辑上分开的网络，所谓逻辑网络是代表一个单独的网络或者一个子网。当数据从一个子网传输到另一个子网时，可通过路由器来完成。因此，路由器具有判断网络地址和选择路径的功能，它能在多网络互联环境中，建立灵活的连接，可用完全不同的数据分组和介质访问方法连接各种子网。路由器不关心各子网使用的硬件设备，但要求运行与网络层协议相一致的软件。路由器分本地路由器和远程路由器，本地路由器是用来连接网络传输介质的，如光纤、同轴电缆、双绞线；远程路由器是用来连接远程传输介质，并要求相应的设备，如电话线要配调制解调器，无线要通过无线接收机、发射机。一般说来，异种网络互联与多个子网互联都应采用路由器来完成。

路由器的主要工作就是为经过路由器的每个数据帧寻找一条最佳传输路径，并将该数据有效地传送到目的站点。由此可见，选择最佳路径的策略即路由算法是路由器的关键所在。为了完成这项工作，在路由器中保存着各种传输路径的相关数据——路由表(Routing Table)，供路由选择时使用。路由表中保存着子网的标志信息、网上路由器的个数和下一个路由器的名字等内容。路由表可以是由系统管理员固定设置好的，也可以由系统动态修改，可以由路由器自动调整，也可以由主机控制。

由系统管理员事先设置好固定的路由表称之为静态(Static)路由表，一般是在系统安装时就根据网络的配置情况预先设定的，它不会随未来网络结构的改变而改变。

动态(Dynamic)路由表是路由器根据网络系统的运行情况而自动调整的路由表。路由器根据路由选择协议(Routing Protocol)提供的功能，自动学习和记忆网络运行情况，在需要时自动计算数据传输的最佳路径。

IP 路由器只转发 IP 分组，把其余的部分包括广播数据包挡在网内，从而保持各个网络具有相对的独立性，这样可以组成具有许多网络(子网)互连的大型的网络。由于是在网络层的互联，路由器可方便地连接不同类型的网络，只要网络层运行的是 IP 协议，通过路由器就可互连起来。

网络中的设备用它们的网络地址互相通信。IP 地址是与硬件地址无关的"逻辑"地址。路由器只根据 IP 地址来转发数据。IP 地址的结构有两部分，一部分定义网络号，另一部分定义网络内的主机号。目前，在 Internet 网络中采用子网掩码来确定 IP 地址中网络地址和主机地址。子网掩码与 IP 地址一样也是 32 bit，并且两者是一一对应的，规定子网掩码中数字为"1"所对应的 IP 地址中的部分为网络号，"0"所对应的部分为主机号。网络号和主机号合起来，才构成一个完整的 IP 地址。同一个网络中的主机 IP 地址，其网络号必须是相同的，这个网络称为 IP 子网。

通信只能在具有相同网络号的 IP 地址之间进行，要与其他 IP 子网的主机进行通信，则必须经过同一网络上的某个路由器或网关(gateway)出去。不同网络号的 IP 地址不能直接通信，即使它们接在一起，也不能通信。

路由器有多个端口，用于连接多个 IP 子网。每个端口 IP 地址的网络号要求与所连接的 IP 子网的网络号相同。不同的端口为不同的网络号，对应不同的 IP 子网，这样才能使各子网中的主机通过自己子网的 IP 地址把要求出去的 IP 分组送到路由器上。

3.2　路由器基本配置

3.2.1　直连路由

以 Cisco2621 路由器为例，设置路由器以太网端口 FastEthernet0/0 和 FastEthernet0/1 的 IP 地址，通过路由器将两个 LAN 互连，两个 LAN 之间互相能 ping 通表示连接成功，查看并解释路由信息表的相关内容。

1. **实验目的**
- 熟悉直连路由定义;
- 掌握路由器的配置模式;
- 掌握路由器端口配置方法;
- 掌握路由器基本配置命令。

2. **实验设备**
- Cisco 路由器 1 台;
- Cisco 交换机 2 台;
- PC 2 台;
- Console 电缆 1 根。

3. **实验过程**

如图 3-2 所示的拓扑结构,通过路由器 R1 连接两个子网,配置路由器两个以太网端口(FastEthernet0/0 和 FastEthernet0/1,简写成 Fa0/0 和 Fa0/1)的 IP 地址,测试主机 PC0 和 PC1 是否能连通。

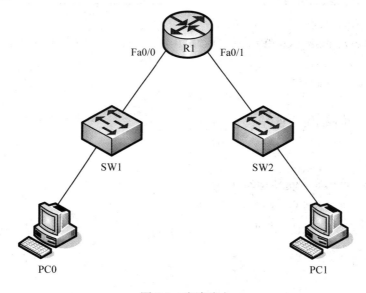

图 3-2 直连路由

1) 主机配置

主机 PC0 配置如下:

    IP 地址:192.168.0.2

    子网掩码:255.255.255.0

    网关:192.168.0.1

主机 PC1 配置如下:

    IP 地址:192.168.1.2

    子网掩码:255.255.255.0

    网关:192.168.1.1

2) 路由器配置

路由器 R1 配置代码如下：

```
Router#configure terminal
Router(config)#hostname R1
R1(config)#interface Fa0/0
R1(config-if)#ip address 192.168.0.1 255.255.255.0      //配置端口 Fa0/0 的 IP 地址
R1(config-if)#no shutdown                                //激活端口
R1(config-if)#exit
R1(config)#interface Fa0/1
R1(config-if)#ip address 192.168.1.1 255.255.255.0      //配置端口 Fa0/1 的 IP 地址
R1(config-if)#no shutdown                                //激活端口
R1(config-if)#exit
```

> 注：路由器端口 Fa0/0 和 Fa0/1 端口指示灯，只有在网络连接正确，且端口 IP 地址配置以后才能显示正确的状态。

3) 查看路由器状态

(1) 使用 show running-config 命令查看路由器当前运行状态，结果如下：

```
R1#show running-config
Building configuration...

Current configuration : 429 bytes
!
version 12.2
no service timestamps log datetime msec
no service timestamps debug datetime msec
no service password-encryption
!
hostname R1                              //路由器名字为 R1
!
interface FastEthernet0/0
 ip address 192.168.0.1 255.255.255.0    //端口 Fa0/0 的 IP 地址
 duplex auto                             //全双工模式
 speed auto
!
interface FastEthernet0/1
 ip address 192.168.1.1 255.255.255.0    //端口 Fa0/1 的 IP 地址
 duplex auto
 speed auto
```

```
!
ip classless
!
line con 0
line vty 0 4
  login
!
End
```

(2) 使用 show ip route 命令查看路由信息，结果如下：

```
R1#show ip route
Codes: C - connected, S - static, I - IGRP, R - RIP, M - mobile, B - BGP
       D - EIGRP, EX - EIGRP external, O - OSPF, IA - OSPF inter area
       N1 - OSPF NSSA external type 1, N2 - OSPF NSSA external type 2
       E1 - OSPF external type 1, E2 - OSPF external type 2, E - EGP
       i - IS-IS, L1 - IS-IS level-1, L2 - IS-IS level-2, ia - IS-IS inter area
       * - candidate default, U - per-user static route, o - ODR
       P - periodic downloaded static route

Gateway of last resort is not set

C    192.168.0.0/24 is directly connected, FastEthernet0/0
C    192.168.1.0/24 is directly connected, FastEthernet0/1
```

"C"表示路由器直连路由，"S"表示管理员静态配置的路由，"R"表示通过 RIP 学习到的路由，"D"表示通过 EIGRP 学到的路由，"O"表示通过 OSPF 学到的路由，"*"代表默认路由。结果显示，路由器 R1 有两条直连路由。

4) 测试结果

主机 PC0 上 ping 主机 PC1，测试网络连通性，结果如下：

```
PC>ping 192.168.1.2

Pinging 192.168.1.2 with 32 bytes of data:

Reply from 192.168.1.2: bytes=32 time=62ms TTL=255
Reply from 192.168.1.2: bytes=32 time=63ms TTL=255
Reply from 192.168.1.2: bytes=32 time=63ms TTL=255
Reply from 192.168.1.2: bytes=32 time=47ms TTL=255

Ping statistics for 192.168.1.2:
    Packets: Sent = 4, Received = 4, Lost = 0 (0% loss),
Approximate round trip times in milli-seconds:
    Minimum = 47ms, Maximum = 63ms, Average = 58ms
```

结果可见，处于不同子网的两台主机可以相互通信，说明路由器直连路由的两个端口之间可以相互转发数据。

3.2.2 路由器远程登录

远程登录(Telnet)是虚拟终端协议，是 TCP/IP 协议组的一部分。Telnet 允许连接到远程设备、收集信息并执行程序。利用远程登录功能，用户可以从本地登录到远端的计算机(远程计算机)，并执行命令来控制远程计算机。

1. 实验目的

● 熟悉路由器远程登录概念；

● 掌握路由器远程登录方法。

2. 设备需求

● Cisco 路由器 2 台；

● Trunk 电缆 1 根；

● Console 电缆 1 根。

3. 实验过程

如图 3-3 所示，路由器 R1 端用命令 Telnet 12.1.1.2 登录到路由器 R2，就是通过路由器 R1 的 Fa0/0 端口对路由器 R2 进行访问，这种访问方式也称为虚拟终端类型(VTY)访问，VTY 可以同时提供多个连接。用 Telnet 登录的方法相当于连接到虚拟路由器 R2 的 Console 端口，通过配置线对路由器 R2 进行初始化配置，以后就可以通过网络对路由器 R2 进行远程配置了。

Fa0/0   Fa0/0
12.1.1.1   12.1.1.2
R1   R2

图 3-3 配置远程登录

1) 路由器配置

路由器 R1 配置如下：

```
Router>enable
Router#configure terminal
Enter configuration commands, one per line.    End with CNTL/Z.
Router(config)#hostname R1
R1(config)#interface Fa0/0
R1(config-if)#ip address 12.1.1.1 255.255.255.0
R1(config-if)#no shutdown
R1(config-if)#exit
R1(config)#
```

路由器 R2 配置如下：

Router>enable

Router#configure terminal

Router(config)#hostname R2

R2(config)#interface Fa0/0

R2(config-if)#ip address 12.1.1.2 255.255.255.0

R2(config-if)#no shutdown

R2(config-if)#exit

R2(config)#line vty 0 4

R2(config-line)#password cisco　　　　　　　//远程登录必须设置密码

R2(config-line)#login

R2(config-line)#exit

R2(config)#line console 0

R2(config-line)#logging synchronous　　　　　//日志同步

R2(config-line)#exit

R2(config)#enable password cisco　　　　　　//必须配置使能密码，否则不允许远程登录

R2(config)#exit

2）测试结果

测试路由器 R1 和路由器 R2 的连通性，结果如下：

R1#ping 12.1.1.2

Type escape sequence to abort.

Sending 5, 100-byte ICMP Echos to 12.1.1.2, timeout is 2 seconds:

!!!!!

Success rate is 100 percent (5/5), round-trip min/avg/max = 31/31/32 ms

//以上信息表明收发数据包 100%成功

在 R1 上远程登录 R2，结果如下：

R1#telnet 12.1.1.2

Trying 12.1.1.2 ...Open

User Access Verification

Password:

R2>　　　　　　　　　　　　　　　　　//进入 R2 用户模式

R2>enable

Password:　　　　　　　　　　　　　　//输入密码

R2#　　　　　　　　　　　　　　　　　//进入 R2 的特权模式

在路由器 R2 上使用"show user"命令查看连接到路由器上的用户：

R2#show users

Line	User	Host(s)	Idle	Location
* 0 con 0		idle	00:02:52	
67 vty 0		idle	00:00:00	12.1.1.1
Interfac	User	Mode	Idle	Peer Address

可以看出当前有两个用户登录,编号是 0 的是 Console 端口用户,编号是 67 的是 VTY 用户,"*"表示当前的登录用户。出于安全考虑,还可以限制 IP 对路由器的远程访问,配置代码如下:

    R2(config)#access-list 1 permit 12.1.1.1

    R2(config)#line vty0 4

    R2(config-line)#access-class 1 in

这样路由器 R2 保证了只允许 IP 地址 12.1.1.1 远程访问自己。

3.3 CDP 协 议

3.3.1 CDP 协议概述

思科发现协议(Cisco Discovery Protocol,CDP)是思科公司专用协议,有助于网络管理员收集本地和远程连接设备的相关信息,可以用于发现和绘制网络连接拓扑,帮助排除网络故障。CDP 是理解网络拓扑结构的最好的方法之一,是第二层上的协议,它运行在所有 Cisco 制造的设备上,包括路由器、交换机和访问服务器。为了使用 CDP,设备并不一定要配置任何网络层协议。每个配置了 CDP 的设备向一个 MAC 层的多点传送地址发送周期性消息,这些宣告包括关于发布宣告平台的功能和软件版本信息,使用户非常容易地了解在网络上有哪些其他 Cisco 设备。

CDP version2 是目前该协议最普遍使用的版本,它具有很高的智能设备跟踪等性能,支持该性能的报告机制,提供快速差错跟踪功能,有利于缩短停机时间(Downtime)。报告差错信息可以发送到控制台或日志服务器(logging Server),这些差错信息包括连接端口上不匹配(Unmatching)的本地设备 ID 以及连接设备间不匹配的端口双向状态。

使用 cdp run 命令可以在路由器上全局启动 CDP,默认方式下 CDP 是全局启动的,执行 cdp enable 命令将在特定端口上启动 CDP。CDP 工作在 OSI 模型的数据链路层,采用 SNAP 帧结构,每 60 s 发送一次广播,hold-time 时间是 180 s。

常用的 CDP 命令有:

    Router(config)#cdp run   //启动 CDP

    Router(config-if)#no cdp run   //关闭 CDP

    Router(config)#cdp timer 30   //设置 CDP 广播时间

    Router(config)#cdp holdtime 120   //设置 CDP 保留时间

    Router#show cdp neighbors   //查看直接相邻设备五大类信息

Show cdp neighbors 命令显示了关于连接在这个设备上的本地 Cisco 设备的信息。本地连接(Locally attached)说明这个设备是在相同的局域网中,或通过串行线连接。设备 ID 是发布宣告的路由器的主机名称。Local Interface 列说明了路由器上的端口,而用户正在使用这个路由器的控制台,Port ID 列说明了连接在远程路由器上的端口。CDP 多点传送通常每 30 s 发送一次。默认的保持时间是 180 s。保持时间说明,如果没有从邻居听见其他的宣告,则这个条目会在路由器的 CDP 表中持续多少时间。

还可以使用"show cdp"命令来查看 CDP 全局信息，显示包括发送 CDP 时间间隔，默认是 60 s；CDP 保持时间，默认是 180 s；CDP 协议版本，当前默认使用 CDPv2。

3.3.2 CDP **协议配置**

1. 实验目的

● 熟悉 CDP 协议概念；
● 掌握 CDP 协议配置方法。

2. 实验设备

● Cisco 交换机 1 台；
● Cisco 路由器 2 台；
● 连接电缆数根；
● Console 电缆 1 根。

3. 实验过程

如图 3-4 所示拓扑结构，配置 CDP 协议。

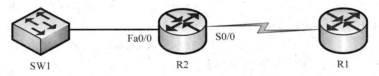

图 3-4　CDP 配置

1) 路由器配置

路由器 R1 配置如下：

```
R1#config terninal
R1(config)#interface Serial0/0/0
R1(config-if)#clock rate 64000        //串行口连接，必须设置端口速率
R1(config-if)#no shutdown
R1(config-if)#exit
```

这里没有使用 cdp run 指令，因为路由器默认 CDP 协议是打开的，通常不用时，应该执行 no cdp run 指令。

路由器 R2 配置如下：

```
R2#config terninal
R2(config)#interface Fa0/0
R2(config-if)#no shutdown
R2(config)#interface Serial0/0/0
R2(config-if)#no shutdown
R2(config-if)#exit
```

2) 查看交换机和路由器信息

(1) 查看交换机 SW1 的 CDP 全局信息，结果如下：

```
SW1#show cdp
Global CDP information:
    Sending CDP packets every 60 seconds        //发送 CDP 间隔时间 60 s
    Sending a holdtime value of 180 seconds     //发送 CDP 保持时间 180 s
    Sending CDPv2 advertisements is enabled      //当前 CDP 版本为 CDPv2
```

查看交换机 SW1 的 CDP 邻居信息，结果如下：

```
SW1#show cdp neighbors
Capability Codes: R - Router, T - Trans Bridge, B - Source Route Bridge
                  S - Switch, H - Host, I - IGMP, r - Repeater, P - Phone

Device ID    Local Intrfce    Holdtme    Capability    Platform    Port ID
R2           Fas 0/1          142        R             C2800       Fas 0/0
```

(2) 查看路由器 R2 的端口信息，结果如下：

```
R2#show ip interface brief
Interface          IP-Address       OK?Method Status                  Protocol
FastEthernet0/0    unassigned       YES manual up                     up
FastEthernet0/1    unassigned       YES manual administratively down  down
Serial0/0/0        unassigned       YES manual up                     up
Vlan1              unassigned       YES manual administratively down  down
```

(3) 查看路由器 R2 的相邻设备，结果如下：

```
R2#show cdp neighbors                          //查看 R2 上直接相邻的设备信息
Capability Codes: R - Router, T - Trans Bridge, B - Source Route Bridge
                  S - Switch, H - Host, I - IGMP, r - Repeater, P - Phone

Device ID    Local Intrfce    Holdtme    Capability    Platform    Port ID
SW1          Fas 0/0          126        S             2950        Fas 0/1
R1           Ser0/0/0         132        R             C2800       Ser0/0/0
```

可以看出路由器 R2 有两个邻居，通过串口 S0/0/0 连接的路由器 R1 和通过局域网端口 Fa0/0 连接的交换机 SW1。

```
R2#show cdp neighbors detail                   //查看路由器 R2 相邻设备的详细信息
Device ID: SW1                                 //邻居 1，交换机 SW1
Entry address(es):
Platform: cisco 2950, Capabilities: Switch     //交换机型号是 cisco 2950
Interface: FastEthernet0/0, Port ID (outgoing port): FastEthernet0/1
//与交换机 SW1 的 FastEthernet0/1 相连
Holdtime: 132
Version :
Cisco Internetwork Operating System Software
IOS (tm) C2950 Software (C2950-I6Q4L2-M), Version 12.1(22)EA4, RELEASE SOFTWARE(fc1)
Copyright (c) 1986-2005 by cisco Systems, Inc.
Compiled Wed 18-May-05 22:31 by jharirba
```

advertisement version: 2

Duplex: full   //全双工通信

Device ID: R1   //路由器 R2 的邻居 R1

Entry address(es):

Platform: cisco C2800, Capabilities: Router   //路由器 R1 的型号是 C2800

Interface: Serial0/0/0, Port ID (outgoing port): Serial0/0/0   //通过端口 Serial0/0/0 与 R1 连接

Holdtime: 137

Version :

Cisco IOS Software, 2800 Software (C2800NM-ADVIPSERVICESK9-M), Version 12.4(15)T1, RELEASE SOFTWARE (fc2)

Technical Support: http://www.cisco.com/techsupport

Copyright (c) 1986-2007 by Cisco Systems, Inc.

Compiled Wed 18-Jul-07 06:21 by pt_rel_team

advertisement version: 2

Duplex: full

可以看出路由器 R2 两个邻居 SW1 和 R1 的详细信息。

R1#show cdp neighbors   //查看路由器 R1 的 CDP 邻居

Capability Codes: R - Router, T - Trans Bridge, B - Source Route Bridge
                     S - Switch, H - Host, I - IGMP, r - Repeater, P - Phone

Device ID	Local Intrfce	Holdtme	Capability	Platform	Port ID
R2	Ser 0/0/0	131	R	C2800	Ser 0/0/0

可以看出路由器 R1 只有一个邻居，就是路由器 R2。

3.4　简单的网络配置、管理和排错

通过简单的网络配置，熟悉路由器的常用配置命令，掌握高级 ping 命令。

1. 实验目的
- 掌握基本的路由器配置信息；
- 掌握简单的路由协议。

2. 实验设备
- Cisco 交换机 1 台；
- Cisco 路由器 3 台；
- PC 1 台；
- RJ45 连接线缆数根；

● Console 电缆 1 根。

3. 实验过程

如图 3-5 所示拓扑结构，路由器 R1、R2 和 R3 通过串口连接。

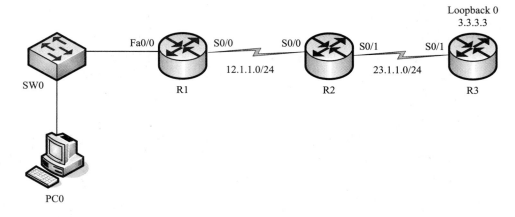

图 3-5　简单网络配置

1) 主机配置

主机 PC0 配置如下：

　　IP 地址：192.168.1.2

　　子网掩码：255.255.255.0

　　网关：192.168.1.1

2) 路由器配置

路由器 R1 配置如下：

```
Router#configure terminal
Router(config)#hostname R1
R1(config)#interface Fa0/0
R1(config-if)#ip address 192.168.1.1 255.255.255.0          //配置端口的 IP 地址
R1(config-if)#no shutdown                                    //激活端口
R1(config-if)#exit
R1(config)#interface S0/0
R1(config-if)#ip address 12.1.1.1 255.255.255.0
R1(config-if)#no shutdown
R1(config-if)#exit
R1(config)#exit
```

路由器 R2 配置如下：

```
Router#configure terminal
Router(config)#hostname R2
R2(config)#interface S0/0
R2(config-if)#ip address 12.1.1.2 255.255.255.0
```

R2(config-if)#no shutdown

R2(config-if)#exit

R2(config)#interface S0/1

R2(config-if)#ip address 23.1.1.1 255.255.255.0

R2(config-if)#no shutdown

R2(config-if)#exit

R2(config)#exit

路由器 R3 配置如下：

Router#config terminal

Router(config)#hostname R3

R3(config)#interface S0/1

R3(config-if)#ip address 23.1.1.2 255.255.255.0

R3(config-if)#no shutdown

R3(config-if)#exit

R3(config)#interface loopback 0　　　　　　　　　　　　　//配置环回地址，可以简写成 Lo0

R3(config-if)#ip address 3.3.3.3 255.255.255.0

R3(config-if)#exit

R3(config)#exit

环回端口是一个虚拟端口，一般用来模拟路由条目，环回端口比较稳定，除非路由器掉电或关闭环回端口，否则环回端口是一直有效的，默认端口状态是打开的，所以不用执行 no shutdown 指令。

3）测试结果

使用 ping 命令，测试主机 PC0 到网关的连通性，结果如下：

PC>ping 192.168.1.1

Pinging 192.168.1.1 with 32 bytes of data:

Reply from 192.168.1.1: bytes=32 time=62ms TTL=255

Reply from 192.168.1.1: bytes=32 time=63ms TTL=255

Reply from 192.168.1.1: bytes=32 time=63ms TTL=255

Reply from 192.168.1.1: bytes=32 time=47ms TTL=255

Ping statistics for 192.168.1.1:

　　Packets: Sent = 4, Received = 4, Lost = 0 (0% loss),

Approximate round trip times in milli-seconds:

　　Minimum = 47ms, Maximum = 63ms, Average = 58ms

可以看出主机 PC0 可以正常访问到网关，如果 ping 网关失败，就需要检查物理链路是否正常，如果物理链路正常，可以 ping 127.0.0.1，查看计算机上的 TCP/IP 协议栈是否正常，如果正常，ping 本机 IP 地址，检查网卡的驱动程序是否正常，接下来检查主机的子网掩码和网关是否正常。

在主机 PC0 上 ping 路由器 R3 的环回地址，结果如下：

PC>ping 3.3.3.3

Ping 3.3.3.3 with 32 bytes of data:

Request timed out.

Request timed out.

Request timed out.

Request timed out.

Ping statistics for 3.3.3.3:

　　　Packets: Sent = 4, Received = 0, lost = 4 (100% loss)

可见 PC0 的数据无法通过 R1 和 R2 到达 R3，原因是 R1 接收到 PC0 的数据，不知道将数据发往何处，解决这个问题，需要添加路由表(有关路由的概念在后面章节详细解释)。

路由器 R1 添加默认路由，指令如下：

R1(config)#ip route 0.0.0.0 0.0.0.0 12.1.1.2

路由器 R2 上添加路由表，指令如下：

R2(config)#ip route 192.168.1.0 255.255.255.0 12.1.1.1

R2(config)#ip route 3.3.3.0 255.255.255.0 23.1.1.3

路由器 R3 上添加配置，指令如下：

R3(config)#ip route 0.0.0.0 0.0.0.0 23.1.1.2

4) 查看路由表

查看路由器 R1 的路由表，结果如下：

R1#show ip route

（省略）

Gateway of last resort is 12.1.1.2 to network 0.0.0.0

　　　　12.0.0.0/24 is subnetted, 1 subnets

C　　　　12.1.1.0 is directly connected, Serial0/0

C　　　192.168.1.0/24 is directly connected, FastEthernet0/0

S*　　　0.0.0.0/0 [1/0] via 12.1.1.2　　　　　　　　　　//静态默认路由

查看路由器 R1 的路由表，结果如下：

R2#show ip route

Gateway of last resort is not set

　　　3.0.0.0/24 is subnetted, 1 subnets

S　　　　3.3.3.0 [1/0] via 23.1.1.2　　　　　　　　　　//静态路由

　　　12.0.0.0/24 is subnetted, 1 subnets

```
C        12.1.1.0 is directly connected, Serial0/0
         23.0.0.0/24 is subnetted, 1 subnets
C        23.1.1.0 is directly connected, Serial0/1
S     192.168.1.0/24 [1/0] via 12.1.1.1    //静态路由
```

查看路由器 R1 的路由表，结果如下：

```
R3#show ip route
         3.0.0.0/24 is subnetted, 1 subnets
C        3.3.3.0 is directly connected, Loopback0
         12.0.0.0/24 is subnetted, 1 subnets
S        12.1.1.0 [1/0] via 23.1.1.1
         23.0.0.0/24 is subnetted, 1 subnets
C        23.1.1.0 is directly connected, Serial0/1
S     192.168.1.0/24 [1/0] via 23.1.1.1
```

主机 PC0 上 ping 路由器 R3 的环回地址，测试网络连通性，结果如下：

```
PC>ping 3.3.3.3

Pinging 3.3.3.3 with 32 bytes of data:

Reply from 3.3.3.3: bytes=32 time=110ms TTL=253
Reply from 3.3.3.3: bytes=32 time=125ms TTL=253
Reply from 3.3.3.3: bytes=32 time=125ms TTL=253
Reply from 3.3.3.3: bytes=32 time=109ms TTL=253

Ping statistics for 3.3.3.3:
    Packets: Sent = 4, Received = 4, Lost = 0 (0% loss),
Approximate round trip times in milli-seconds:
    Minimum = 109ms, Maximum = 125ms, Average = 117ms
```

上述结果可以看出，通过对路由器进行基本的配置，就形成一个简单的网络，所有设备可以相互访问。

5) 高级 ping 命令

计算机上可以使用带参数的 ping 命令来执行一些特殊的功能，路由器上也可以使用高级的 ping 命令来扩展 ping 的功能。在路由器 R1 上，执行高级 ping 命令如下：

```
R1#ping                          //输入 ping 直接回车，使用高级 ping 命令
Protocol [ip]:                   //使用的是 IP 协议，直接回车
Target IP address: 12.1.1.2      //ping 的目标 IP 地址
Repeat count [5]: 20             //ping 包的个数，默认是 5，这里输入 20
Datagram size [100]:             //ping 包的默认大小是 100 字节
Timeout in seconds [2]:          //默认超时时间是 2 s，2 s 以内收不到应答即认为超时
Extended commands [n]: y         //是否进一步扩展 ping 命令，这里选择扩展
```

Source address or interface: 192.168.1.1   // ping 的源地址

6) Traceroute 命令

ping 命令可以用来测试网络的连通性。如果网络不通，ping 命令无法定位到问题出在哪一台中间设备上，此时可以使用 traceroute 命令来测试中间经过哪些设备、问题出在哪里。在路由器 R1 上执行 traceroute，结果如下：

R1#traceroute 23.1.1.2

Type escape sequence to abort.

Tracing the route to 23.1.1.2

```
1    12.1.1.2         32 msec         31 msec         32 msec
2    23.1.1.2         62 msec         62 msec         47 msec
```

可见路由器 R1 把去往 23.1.1.2 的数据包转发给路由器 R2，路由器 R2 再把未知的数据包转发给 R3，R3 返回的数据包直接发给 R1。

traceroute 采用的工作原理是：发送设备将数据包中 TTL 设成 1，数据包会被第一跳路由器丢弃，返回一个错误码信息，源设备据此判断经过的中间设备和延时信息，源设备一般发送 3 个重复的包。

7) tracert 命令

在 PC0 上执行 tracert 命令，也可以追踪数据包。

PC>tracert 23.1.1.2

Tracing route to 23.1.1.2 over a maximum of 30 hops:

```
1    141 ms     63 ms      63 ms      192.168.1.1
2    78 ms      94 ms      93 ms      12.1.1.2
3    125 ms     125 ms     125 ms     23.1.1.2
```

Trace complete.

8) 常用排错命令

检查网络正常运行，除了前面用到的命令，经常使用的命令还有"show running-config"和"show interface"，如下：

R2#show running-config   //查看路由器当前的配置状态

Building configuration...

Current configuration : 740 bytes

!

version 12.2

no service timestamps log datetime msec

no service timestamps debug datetime msec

```
no service password-encryption
!
hostname R2                                   //路由器名称
!
interface Loopback0                           //以下信息是路由器端口的配置信息
    ip address 172.2.0.1 255.255.255.0
!
    Interface Loopback1                       //环回端口 1 的 IP 地址
    ip address 172.2.1.1 255.255.255.0
!
interface FastEthernet0/0
    no ip address
    duplex auto
    speed auto
!
interface FastEthernet0/1
    no ip address
    duplex auto
    speed auto
!
interface Serial0/0                           //串口 S0/0 的参数
    ip address 172.16.12.2 255.255.255.0
    ip summary-address eigrp 100 172.2.0.0 255.255.254.0 5
!
router eigrp 100                              //配置了 EIGRP 路由策略
    passive-interface default
    no passive-interface Serial0/0
    network 0.0.0.0
    no auto-summary
!
router rip
!
ip classless
!
line con 0
line vty 0 4
    login
!
End
```

使用 show interfaces 命令可以查看端口，结果如下：

```
R2#show interfaces                                    //显示路由器所有端口的信息
FastEthernet0/0 is up, line protocol is down (disabled)    //Fa0/0 信息，端口状态是 UP
    Hardware is Lance, address is 0010.11c1.0950 (bia 0010.11c1.0950)
    //端口 MAC 地址信息
    MTU 1500 bytes, BW 100000 Kbit, DLY 100 usec,
    //端口的 MTU 是 1500 字节，带宽是 100 Mbps，延时 100 μs
    reliability 255/255, txload 1/255, rxload 1/255
（省略）
```

一般情况，用得比较多的是查看端口状态，可以用"show ip interface brief"命令，结果如下：

```
R2#show ip interface brief
```

Interface	IP-Address	OK? MethodStatus	Protocol
FastEthernet0/0	unassigned	YES manual up	down
FastEthernet0/1	unassigned	YES manualup	down
Serial0/0	172.16.12.2	YES manual up	up

可以看出，端口 Fa0/0 和 Fa0/1 的端口状态是关闭的，未配置 IP 地址，Serial0/0 端口状态打开，配置了 IP 地址。

3.5 静 态 路 由

静态路由是用户定义的路由，它可指定数据包从源地址发送到目的地址时经过的路径。静态路由是管理员手动配置静态路由时获取的路由，只要网络的拓扑结构发生变化，管理员就必须手动更新静态路由条目。这些管理员定义的路由可精确控制 IP 网络的路由行为。

3.5.1 静态路由配置

1. 实验目的
- 熟悉路由器配置方法；
- 熟悉静态路由概念；
- 掌握静态路由配置方法。

2. 实验设备
- Cisco 交换机 3 台；
- Cisco 路由器 2 台；
- PC 若干台；
- RJ45 双绞线数根；
- Console 电缆 1 根。

3. 实验过程

1) 带下一跳的静态路由配置

如图 3-6 所示的拓扑结构，两个或多个小组之间，通过配置静态路由表来实现路由器的互连，并查看路由器的路由表信息。

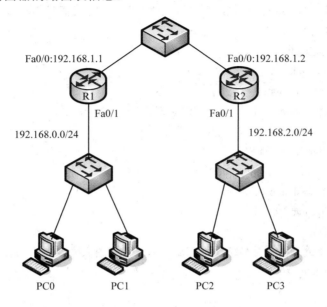

图 3-6　带下一跳的静态路由(1)主机配置

(1) 主机配置。

主机 PC0 配置如下：

　　　IP 地址：192.168.0.2

　　　子网掩码：255.255.255.0

　　　网关：192.168.0.1

主机 PC2 配置如下：

　　　IP 地址：192.168.2.2

　　　子网掩码：255.255.255.0

　　　网关：192.168.2.1

(2) 路由器配置。

路由器 R1 配置如下：

　　　R1#config terminal

　　　R1(config)#interface Fa0/0

　　　R1(config-if)#ip address 192.168.1.1 255.255.255.0

　　　R1(config-if)#no shutdown

　　　R1(config-if)#interface Fa0/1

　　　R1(config-if)#ip address 192.168.0.1 255.255.255.0

　　　R1(config-if)#no shutdown

```
    R1(config)#ip route 192.168.2.0 255.255.255.0 192.168.1.2          //带下一跳静态路由
    R1(config)#exit
```

该命令表示从本路由器 R1 出发，发往 192.168.2.0 255.255.255.0 网段的数据包，其下一跳点(Next Hop)的地址是 192.168.1.2。可以用 trace 命令显示 IP 包在传输过程中的每一个跳点的 IP 地址，从而查看 IP 包经过的整个路径，因此我们把这种指令格式的静态路由称为带下一跳的静态路由。

路由器 R2 配置如下：

```
    R2#config terminal
    R2(config)#interface Fa0/0
    R2(config-if)#ip address 192.168.1.2 255.255.255.0
    R2(config-if)#no shutdown
    R2(config-if)#interface Fa0/1
    R2(config-if)#ip address 192.168.2.1 255.255.255.0
    R2(config-if)#no shutdown
    R2(config)#ip route 192.168.0.0 255.255.255.0 192.168.1.1
    R2(config)#exit
```

使用 show ip route 指令查看路由器 R1 和 R2 的路由表，结果如下：

```
    R1#show ip route
    （省略）
    Gateway of last resort is not set


    C      192.168.0.0/24 is directly connected, FastEthernet0/1
    C      192.168.1.0/24 is directly connected, FastEthernet0/0
    S      192.168.2.0/24 [1/0] via 192.168.1.2          //路由器 R1 上有一条静态路由信息


    R2#show ip route
    （省略）
    Gateway of last resort is not set


    S      192.168.0.0/24 [1/0] via 192.168.1.1          //路由器 R2 上有一条静态路由信息
    C      192.168.1.0/24 is directly connected, FastEthernet0/0
    C      192.168.2.0/24 is directly connected, FastEthernet0/1
```

可以看出，路由器 R1 和 R2 各有一条静态路由。

(3) 测试结果。

在主机 PC0 上 ping 主机 PC2，测试网络的连通性，结果如下：

```
    PC>ping 192.168.2.2


    Pinging 192.168.2.2 with 32 bytes of data:
```

Reply from 192.168.2.2: bytes=32 time=188ms TTL=125

Reply from 192.168.2.2: bytes=32 time=188ms TTL=125

Reply from 192.168.2.2: bytes=32 time=172ms TTL=125

Reply from 192.168.2.2: bytes=32 time=141ms TTL=125

Ping statistics for 192.168.2.2:

　　　　Packets: Sent = 4, Received = 4, Lost = 0 (0% loss),

Approximate round trip times in milli-seconds:

　　　　Minimum = 141ms, Maximum = 188ms, Average = 172ms

2) 带送出端口的静态路由配置

带送出端口的静态路由条目后面直接跟送出端口，路由器只需要一次路由表查找便能将数据包转发到送出端口，从这点上讲，查找路由表效率比带下一跳地址的路由表效率高。使用送出端口而不是下一跳 IP 地址配置的静态路由是大多数串行点对点网络最常采用的静态路由方式。如图 3-6 所示拓扑结构，修改路由器 R1 和 R2 上的静态路由指令，如下：

修改路由器 R1 配置，命令如下：

　　R1(config)#no ip route 192.168.2.0 255.255.255.0 192.168.1.2　　//删除带下一跳的路由指令

　　R1(config)#ip route 192.168.2.0 255.255.255.0 Fa0/0　　//添加带送出接口 Fa0/0 的路由指令

修改路由器 R2 配置，命令如下：

　　R2(config)#no ip route 192.168.0.0 255.255.255.0 192.168.1.1

　　R2(config)#ip route 192.168.0.0 255.255.255.0 Fa0/0

查看路由 R1 的路由表，结果如下：

　　R1#show ip route

　　（省略）

　　C　　192.168.0.0/24 is directly connected, FastEthernet0/1

　　C　　192.168.1.0/24 is directly connected, FastEthernet0/0

　　S　　192.168.2.0/24 is directly connected, FastEthernet0/0　　//带送出接口的静态路由

查看路由 R2 的路由表，结果如下：

　　R2#show ip route

　　（省略）

　　S　　192.168.0.0/24 is directly connected, FastEthernet0/0　　//带送出接口的静态路由

　　C　　192.168.1.0/24 is directly connected, FastEthernet0/0

　　C　　192.168.2.0/24 is directly connected, FastEthernet0/1

查看路由器 R1 运行状态，结果如下：

　　R1#show running-config

　　（省略）

　　interface FastEthernet0/0

　　 ip address 192.168.1.1 255.255.255.0

　　 duplex auto

　　 speed auto

```
!
interface FastEthernet0/1
  ip address 192.168.0.1 255.255.255.0
  duplex auto
  speed auto
!
ip classless
ip route 192.168.2.0 255.255.255.0 FastEthernet0/0            //带送出接口的静态路由
!
```
（省略）

查看路由器 R1 具体的路由路径，结果如下：

```
R1#show ip route 192.168.2.1
Routing entry for 192.168.2.0/24
Known via "static", distance 1, metric 0 (connected)
    Routing Descriptor Blocks:
    * directly connected, via FastEthernet0/0
        Route metric is 0, traffic share count is 1
```

以上结果表明静态路由条目的管理距离为 1，度量值为 0。

3.5.2　浮动静态路由

浮动静态路由是指路由器之间有多条链路时，通过提高某条链路的管理距离，使得路由器在选择路径时优先选择管理距离小的链路。

如图 3-7 所示拓扑结构，路由器 R1 和路由器 R2 之间有两条链路，分别为串行链路和以太链路，我们通过提高串行链路静态路由的管理距离，使得路由器在选择路径时优先选择以太链路，当以太链路出现故障时，选用串行链路，以太链路恢复后，再优先选择以太链路。

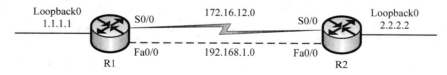

图 3-7　浮动路由

1. 路由器配置

1) 路由器 R1 配置

```
R1(config)#interface Fa0/0
R1(config-if)#ip address 192.168.1.1 255.255.255.0
R1(config-if)#no shutdown
R1(config-if)#exit
R1(config)#interface S0/0
```

R1(config-if)#ip address 172.16.12.1 255.255.255.0

R1(config-if)#no shutdown

R1(config)#interface loopback 0

R1(config-if)#ip address 1.1.1.1 255.255.255.0

R1(config)#ip route 2.2.2.2 255.255.255.0 172.16.12.2 100　　　//指定该链路的管理距离为 100

R1(config)#ip route 2.2.2.2 255.255.255.0 192.168.1.2

R1(config)#exit

2) 路由器 R2 的配置

R2(config)#interface Fa0/0

R2(config-if)#ip address 192.168.1.2 255.255.255.0

R2(config-if)#no shutdown

R2(config)#interface S0/0

R2(config-if)#ip address 172.16.12.2 255.255.255.0

R2(config-if)#no shutdown

R2(config-if)#exit

R2(config)#interface loopback 0

R2(config-if)#ip address 2.2.2.2 255.255.255.0

R2(config)#ip route 1.1.1.0 255.255.255.0 172.16.12.1 100

R2(config)#ip route 1.1.1.0 255.255.255.0 192.168.1.1

R2(config)#exit

3) 查看路由表

查看路由器 R1 的路由表，结果如下：

R1#show ip route

（省略）

C　　　1.1.1.0 is directly connected, Loopback0

S　　　2.2.2.0 [1/0] via 192.168.1.2　　　　　　　//经过以太网的静态路由

C　　　172.16.12.0 is directly connected, Serial0/0

C　　　192.168.1.0/24 is directly connected, FastEthernet0/0

查看路由器 R2 的路由表，结果如下：

R2#show ip route

（省略）

S　　　1.1.1.0 [1/0] via 192.168.1.1　　　　　　　//经过以太网的静态路由

　　　2.0.0.0/24 is subnetted, 1 subnets

C　　　　2.2.2.0 is directly connected, Loopback0

　　　172.16.0.0/24 is subnetted, 1 subnets

C　　　　172.16.12.0 is directly connected, Serial0/0

C　　　192.168.1.0/24 is directly connected, FastEthernet0/0

可见，路由器 R1 和 R2 上虽然设置了两条静态路由，但实际运行状态选择的路由都是经由以太网的路由，经由串口连接的链路处于备份状态。

　　　在路由器 R1 上关闭 Fa0/0 端口，命令如下：

　　　R1(config)#interface Fa0/0

　　　R1(config-if)#shutdown

　　　查看路由器 R1 的路由表，结果如下：

　　　R1#show ip route

　　　（省略）

```
             1.0.0.0/24 is subnetted, 1 subnets
C               1.1.1.0 is directly connected, Loopback0
          2.0.0.0/24 is subnetted, 1 subnets
S               2.2.2.0 [100/0] via 172.16.12.2              //经由串口的静态路由
             172.16.0.0/24 is subnetted, 1 subnets
C               172.16.12.0 is directly connected, Serial0/0
```

　　路由器 R1 上重新启动 Fa0/0，可以看到路由又恢复为经由以太网的静态路由，经由串口 S0/0 的路由变成备份路由。

3.5.3　默认路由

1. 默认路由概述

　　默认路由(Default routing)也叫缺省路由，是指当路由器在路由表中找不到到达目的网络的明细路由时，最后会采用的路由，默认路由与所有数据包都匹配。使用默认路由可以转发那些不在路由表中列出的远端目的网络的数据包到下一跳路由器。在只有一条链路连接到邻居网络的路由器上可以使用默认路由，如图 3-8 的拓扑结构就可以配置成默认路由。

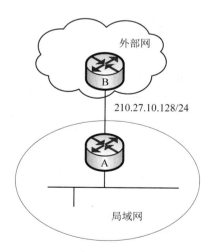

图 3-8　默认路由

　　某单位的外网接入 IP 地址是 210.27.10.128，若使用静态路由，局域网出口路由器 A 需要添加所有的 A 类、B 类、C 类 IP 地址，这对一般的路由器来说是无法承受的，针对这类问题，最好的配置方式是使用默认路由，默认路由配置方法与静态路由类似，配置如下：

　　RouterA(config)#ip route 0.0.0.0 0.0.0.0 210.27.10.128

可见，默认路由是将目标网段和子网掩码都设置成 0.0.0.0。

2. 默认路由配置实例

如图 3-9 所示拓扑结构，把路由器 R2 和 R3 组成的网络想象成 ISP 网络，路由器 R1 相当于企业网络的边缘路由器，且是只有一个出口接入 ISP 的末节网络，因此比较适合配置默认路由。

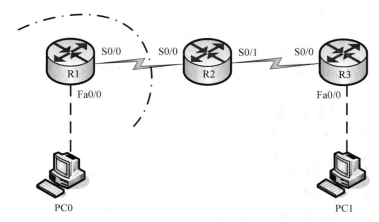

图 3-9　默认路由

路由器 R1 处于一个末节网络的出口，默认路由配置如下：

　　R1(config)#ip route 0.0.0.0 0.0.0.0 S0/0　　　　　//带送出端口的默认路由

查看路由器 R1 的配置，结果如下：

　　R1#show ip route

　　(省略)

　　　172.16.0.0/24 is subnetted, 1 subnets

　　C　　172.16.1.0 is directly connected, Serial0/0

　　C　　192.168.0.0/24 is directly connected, FastEthernet0/0

　　S*　0.0.0.0/0 is directly connected, Serial0/0

"*"表示默认路由，"/0"表示需要 0 位匹配，或者说不需要匹配，只要不存在更加精确的匹配，则默认静态路由与所有数据包匹配。

3.6　路由器接入网配置

要将网络与其他远程网络连接起来，有时就要用到广域网（WAN）接入服务。WAN 提供了与 LAN 不同的连接方法和布线标准。广域网中路由器和交换机连接方式多样化，主要有串行连接、ISDN BRI 连接、DSL 连接等。本章我们以配置 ISDN 为例，结合具体接入实例来学习广域网接入的配置方法和技巧。

3.6.1　接入网概述

综合业务数字网(Integrated Service Digital Network，ISDN)是电话网络数字化的结果，由数字电话和数据传输服务两部分组成。可以在 ISDN 上传输声音、数据、视频等多种信息。ISDN 组件包括终端、终端适配器、网络终端设备、线路终端设备和交换终端设备等。

ISDN 提供两种类型的访问接口，即基本速率接口(Basic Rate Interface，BRI)和主要速率接口(Primary Rate Interface，PRI)。ISDN BRI 提供 2 个 B 信道和 1 个 D 信道(2B+D)。ISDN的 B 信道为承载信道，其速率为 64 kbit/s，用于传输用户数据。D 信道速率为 16 kbit/s，主要用于传输控制信息。PRI 提供 30 个 B 信道和 1 个 D 信道(30B+D)，其 B 信道 D 信道速率均为 64 kbit/s。

点对点协议(Point-to-Point Protocol，PPP)是作为在点对点链路上进行 IP 通信的封装协议而被开发出来。PPP 定义了 IP 地址的分配和管理、异步和面向比特的同步封装、网络协议复用、链路配置、链路质量测试、错误检测等标准，以及网络层地址协议和数据压缩协议等协议标准。PPP 通过可扩展的链路控制协议(Link Control Protocol，LCP)和网络控制协议(Network Control Protocol，NCP)来实现上述功能。

PPP 具有多协议支持的特点，它可以支持 IP、IPX 和 DECnet 等第三层协议。PPP 提供了安全认证机制，这主要是通过口令认证协议(Password Authentication Protocol，PAP)和挑战握手协议(Challenge-Handshake Authentication Protocol，CHAP)来实现的。PAP 和 CHAP被用来认证是否允许对端设备进行拨号连接。

多链路 PPP 是 PPP 的另一项功能，它允许在路由器和路由器之间或路由器和拨号的PC 之间建立多条链路，通信量在这些链路之间进行负载均衡，从而提高了可用带宽和链路的可靠性。

按需拨号路由(Dial on Demand Routing，DDR)，是利用拨号链路实现网络间互连的一种常用技术。其主要功能有：将数据包从被拨号的接口进行路由；决定何种数据包可以触发拨号；决定拨号；决定什么时候终止连接。DDR 技术和 PPP 技术一样对于 ISDN 的配置是非常重要的，在实际应用中 ISDN、PPP、DDR 这 3 项技术经常是综合使用的。

3.6.2　路由器接入网配置实例

1. 实验目的
● 熟悉广域网接入配置方法；
● 掌握 ISDN 的基本配置方法；
● 掌握配置 PPP 封装；
● 查看配置相关信息。

2. 设备需求
● 路由器 2 台(每台路由器具有 1 个 ISDN BRI 接口)；
● ISDN 线路 2 条和相应的 NT1 及电缆；
● PC 1 台；

● Console 电缆 1 根。

3. 实验过程

下面我们通过一个具体的实例来学习两台路由器通过 ISDN 线路进行连接时的最基本配置。如图 3-10 所示，路由器 R1 和 R2 各连接 1 条 ISDN BRI 线路，路由器的 BRI 接口通过 NT1 连接到 ISDN 上。各路由器 BRI 接口的 IP 地址和所连接的 ISDN 号如图中所标。我们通过对两路由器的配置达到 R1 和 R2 互通的目的。

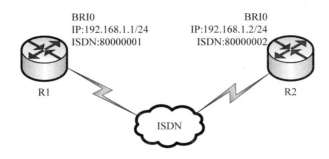

图 3-10 路由器 R1 和 R2 通过 ISDN 线路连接

按照图示连接好线路之后我们就可以进行配置工作，首先可以通过命令来查找交换机类型，如下：

R1#configure terminal

R1(config)#**isdn switch-type ?**

basic-1tr6	1TR6 switch type for Germany
basic-5ess	Lucent 5ESS switch type for the U.S.
basic-dms100	Northern Telecom DMS-100 switch type for the U.S.
basic-net3	Net3 switch type for UK, Europe, Asia and Australia
basic-ni	National ISDN switch type for the U.S.
basic-qsig	QSIG switch type
basic-ts013	TS013 switch type for Australia(obsolete)
ntt	NTT switch type for Japan
vn3	VN3 and VN4 switch types for France

具体选用哪一种交换机类型要根据租用的 ISDN 线路情况来决定，在中国使用 basic-net3 类型的最多。我们就以 basic-net3 类型为例来配置，需要配置的信息有：ISDN 交换机类型、IP 地址、封装类型、拨号串、拨号组、拨号列表等信息。

路由器 R1 配置如下：

R1(config)#isdn switch-typebasic-net3 //设置交换机类型为 basic-net3

R1(config)#interface bri 0 //进入 BRI 接口配置模式

R1(config-if)#ip address 192.168.0.1 255.255.255.0 //设置接口 IP 地址

R1(config-if)#encapsulation ppp //设置封装协议为 ppp

R1(config-if)#dialer string 80000002 //设置拨号串，R2 的 ISDN 号码

R1(config-if)#dialer-group 1 //设置拨号组号为 1

R1(config-if)#no shutdown

R1(config-if)#exit

R1(config)#dialer-list 1 protocol ip permit   //设置拨号列表 1

R1(config)#exit

其中 dialer-list 1 protocol ip permit 允许 IP 协议包成为引起拨号的"感兴趣包",即当有 IP 包需要在拨号线路上传送时可以引起拨号。

路由器 R2 配置如下:

R2(config)#isdn switch-typebasic-net3   //设置交换机类型为 basic-net3

R2(config)#interface bri 0   //进入 BRI 接口配置模式

R2(config-if)#ip address 192.168.0.2 255.255.255.0   //设置接口 IP 地址

R2(config-if)#encapsulation ppp   //设置封装协议为 ppp

R2(config-if)#dialer string 80000001   //设置拨号串,R1 的 ISDN 号码

R2(config-if)#dialer-group 1

R2(config-if)#no shutdown

R2(config-if)#exit

R2(config)#dialer-list 1 protocol ip permit

R2(config) #exit

配置完成后可以使用 debug 和 ping 命令来调试配置结果。其中阴影部分表示了拨号的过程。ping 命令引发一次拨号行为,最后报告 BRI0:1 接口的线路协议已经激活。

R1(config)#logging console   //在终端上显示监测信息

R1(config)#exit

R1#debug dialer   //监测 dialer 信息

Dial on demand events debugging is on

R1 ping 192.168.0.2

Type escape sequence to abort

Sending 5, 100-byte ICMP Echos to 192.168.0.2, timeout is 2 seconds:

02:11:13: BR0 DDR: Dialing cause ip(s=192.168.0.1, d=192.168.0.2)

02:11:13: BR0 DDR: Attempting to dial 80000002

02:11:15: %LINK-3-UPDOWN: Interface BRI0:1, changed state to up

02:11:15: %ISDN-6-CONNECT: Interface BRI0:1, is now connected to 80000002

.!!!

Success rate is 60 percent(3/5), round-trip min/avg/max = 36/38/40 ms

02:11:17: BR0:1 DDR: dialer protocol up

02:11:18: %LINEPROTO-5-UPDOWN: Line protocol on Interface BRI0:1, changed state to up

R1#undebug all   //关闭所有调试信息

还可以用 show isdn status 命令查看 ISDN 状态,用 show dialer 命令显示当前的拨号及其配置等信息。

实 验 报 告

实验名称_____

实验日期_____年_____月_____日
实验地点_____

一、实验目的

二、实验环境(或实验设备需求)

三、实验基本原理(或方案设计及理论计算)
  (画出实验需要的拓扑结构图，详细标注每个连接点的端口号和终端的 IP 地址)

四、实验数据记录(或仿真及软件设计)

五、实验结果分析及回答问题(或测试环境及测试结果)

六、心得体会

教师签名:

第四章 动态路由

4.1 动态路由协议

动态路由是指网络中的路由器之间相互通信、传递路由信息，利用收到的路由信息自动更新路由器表的过程，它能实时地适应网络结构的变化。如果路由更新信息表明网络拓扑结构发生了变化，路由选择软件就会重新计算路由，并发出新的路由更新信息，这些信息通过各个网络，引起网络中的路由器执行路由算法，并更新各自的路由表。

4.1.1 静态路由与动态路由的比较

静态路由是由管理员在路由器中手工添加的路由条目，除非网络管理员干预，否则静态路由不会发生变化。由于静态路由不能对网络拓扑结构的改变做出实时调整，一般被用于网络规模不大、拓扑结构固定的网络中。静态路由的优点是简单、高效、可靠。动态路由适用于网络规模大、网络拓扑结构复杂的网络。当然，各种动态路由协议会不同程度地占用网络带宽和 CPU 资源。静态路由与动态路由的比较，见表 4-1。

表 4-1 静态路由与动态路由的比较

	动态路由	静态路由
配置复杂性	相对较高	相对较低
对管理员的技术要求	相对较高	相对较低
拓扑改变	自动适应拓扑的改变	需要管理员的手工干预
安全性	较低	较高
资源使用	使用 CPU、内存、链路带宽	不使用额外的资源

4.1.2 管理距离

管理距离是用来衡量路由可信度的一个参数，表 4-2 列举了常用路由协议的默认管理距离。管理距离越小，路由距离越可靠，这意味着具有较小管理距离的路由优于较大管理距离的路由，管理距离取值范围为 0~255 的整数值，0 是最可信的，255 是最不可信的，同一台路由器收到同一个网络的两个路由更新信息，路由器将把管理距离小的路由放入路由表。

表 4-2　思科路由器支持协议的默认管理距离

路由源	默认管理距离值
直连路由	0
静态路由(使用外出端口)	0
静态路由(使用下一跳 IP)	1
EIGRP 汇总路由	5
外部 BGP	20
内部 EIGRP	90
IGRP	100
OSPF	110
RIP	120
EGP(外部网关协议)	140
外部 EIGRP	170
内部 BGP	200
未知	255

4.1.3　路由选择

当一个目标地址被多个目标网络覆盖、一个目标网络的多种路由协议的多条路径共存时，或者当一个目标网络同一种路由协议的多条路径共存时，路由器应该如何进行路由的选择？路由表中有多个条目时，一般遵循下面的原则。

1. 子网掩码最长匹配

如果一个目标地址被多个目标网络覆盖，路由器将优先选择最长的子网掩码的路由，譬如下面的路由：

210.10.29.0/24 [1/0] via 172.16.10.2

210.10.29.0/16 [1/0] via 128.16.85.10

目标地址是一样的，路由器将选择子网掩码长度更长的 210.10.29.0/24[1/0] via 172.16.10.2 的路由，将数据发往 172.16.10.2 的跳点。

2. 管理距离最小优先

在子网掩码长度相同的情况下，路由器优先选择管理距离小的路由。比如到达 12.1.1.0/24 的路由有两条，一条是通过路由选择信息协议(Routing Information Protocol，RIP)得到的，另一条是通过开放式最短路径优先协议(Open Stortest Path First，OSPF)得到的，则路由器会选择 OSPF 得到的路由发送数据包，因为 OSPF 有更小的管理距离 110，而 RIP 的管理距离是 120。

由 RIP 和 OSPF 得到的路由会不会同时出现在路由表中？答案是不会，因为路由器中只保存最优路由，因此只有 OSPF 学到的路由会出现在路由表中，如果 OSPF 学到的路由消失或因为某种原因断开，RIP 学到的路由将出现在路由表中。对于像 12.0.0.0/16 和

12.0.0.0/24 的路由条目，因为子网掩码长度不同，所以它们是不同的路由条目，不同的路由条目可以同时在路由表中存在。

3. 度量值最小优先

如果路由的子网掩码长度相同，管理距离也相等，接下来比较的是度量值，如果路由器到达目标网络的路由有多个条目，路由器将比较到达目标网段的跳数(hop)，跳数越小越优先。例如路由器通过 RIP 路由协议学到了 12.1.0.0/24 的两个条目，一个条目的跳数是 2，另一个条目的跳数是 3，则跳数是 2 的条目被添加到路由表中，跳数是 3 的条目不会出现在路由表中，如果跳数是 2 的路由条目消失，跳数是 3 的路由条目才会出现在路由表中。

4.2 基本 RIP 配置

4.2.1 RIP 路由概述

路由信息协议(Routing Information Protocol，RIP)是 Internet 中最古老的路由协议。RIP 采用距离矢量算法，即路由器根据距离选择路由，所以也称为距离向量协议。路由器收集所有可到达目的地的不同路径，并且保存有关到达每个目的地的最少站点数(hop)的路径信息，除到达目的地的最佳路径外，任何其他信息均予以丢弃。同时，路由器也把所收集的路由信息用 RIP 协议通知相邻的其他路由器。这样，最新的路由信息可以扩散到全网，目前广泛使用的是 RIP Version 2。

RIP 的优点是简单，便于配置。RIP 协议允许的最大跳数为 15，任何超过 15 个站点的目的地均被标记为不可达，所以 RIP 只适用于小型网络。RIP 协议每隔 30 s 进行一次路由信息广播，这也造成了带宽的严重浪费，影响网络性能。此外，RIP 路由协议的收敛速度也比较慢，有时还会造成网络环路。

4.2.2 RIP 配置实例

1. 实验目的
- 掌握 RIP 协议基本原理；
- 掌握 RIP 协议配置方法。

2. 实验设备
- Cisco 路由器 3 台；
- PC 2 台；
- RJ45 交叉双绞线 4 根；
- Console 电缆 1 根。

3. 实验过程
如图 4-1 所示拓扑结构，进行基本的 RIP 配置。

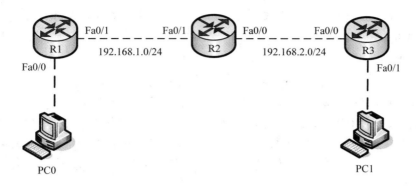

图 4-1　基本 RIP 配置

1) 主机配置

主机 PC0 配置如下：

　　IP 地址：192.168.0.2

　　子网掩码：255.255.255.0

　　网关：192.168.0.1

主机 PC1 配置如下：

　　IP 地址：192.168.3.2

　　子网掩码：255.255.255.0

　　网关：192.168.3.1

2) 路由器配置

路由器 R1 配置如下：

```
R1#config terminal
R1(config)#interface Fa0/0
R1(config-if)#ip address 192.168.0.1 255.255.255.0
R1(config-if)#no shutdown
R1(config-if)#exit
R1(config)#interface Fa0/1
R1(config-if)#ip address 192.168.1.1 255.255.255.0
R1(config-if)#no shutdown
R1(config-if)#exit
R1(config)#router rip                         //启动 RIP 路由
R1(config-router)#network 192.168.0.0         //声明路由器端口所处的网段
R1(config-router)#network 192.168.1.0
R1(config-router)#version 2                   //设置 RIP 版本为 version 2
R1(config-router)#exit
R1(config)#exit
```

路由器 R2 配置如下：

```
R2#config terminal
```

```
R2(config)#interface Fa0/0
R2(config-if)#ip address 192.168.2.1 255.255.255.0
R2(config-if)#no shutdown
R2(config-if)#exit
R2(config)#interface Fa0/1
R2(config-if)#ip address 192.168.1.2 255.255.255.0
R2(config-if)#no shutdown
R2(config-if)#exit
R2(config)#router rip                              //启动 RIP 路由
R2(config-router)#network 192.168.1.0             //声明路由器端口所处的网段
R2(config-router)#network 192.168.2.0
R2(config-router)#version 2
R2(config-router)#exit
R2(config)#exit
```

路由器 R3 配置如下：

```
R3#config terminal
R3(config)#interface Fa0/0
R3(config-if)#ip address 192.168.2.2 255.255.255.0
R3(config-if)#no shutdown
R3(config-if)#exit
R3(config)#interface Fa0/1
R3(config-if)#ip address 192.168.3.1 255.255.255.0
R3(config-if)#no shutdown
R3(config-if)#exit
R3(config)#router rip                              //启动 RIP 路由
R3(config-router)#network 192.168.3.0             //声明路由器端口所处的网段
R3(config-router)#network 192.168.2.0
R3(config-router)#version 2
R3(config-router)#exit
R3(config)#exit
```

3) 查看路由器状态

查看路由器 R1 的运行状态，结果如下：

```
R1#show running-config
（省略）
!
interface FastEthernet0/0
 ip address 192.168.0.1 255.255.255.0
 duplex auto
 speed auto
```

```
!
interface FastEthernet0/1
    ip address 192.168.1.1 255.255.255.0
    duplex auto
    speed auto
!
router rip                                              //RIP 路由信息
    version 2
    network 192.168.0.0
    network 192.168.1.0
!
```
（省略）

查看路由器 R1 的路由表，结果如下：

```
R1#show ip route
Codes: C - connected, S - static, I - IGRP, R - RIP, M - mobile, B - BGP
       D - EIGRP, EX - EIGRP external, O - OSPF, IA - OSPF inter area
       N1 - OSPF NSSA external type 1, N2 - OSPF NSSA external type 2
       E1 - OSPF external type 1, E2 - OSPF external type 2, E - EGP
       i - IS-IS, L1 - IS-IS level-1, L2 - IS-IS level-2, ia - IS-IS inter area
       * - candidate default, U - per-user static route, o - ODR
       P - periodic downloaded static route

Gateway of last resort is not set

C       192.168.0.0/24 is directly connected, FastEthernet0/0
C       192.168.1.0/24 is directly connected, FastEthernet0/1
R       192.168.2.0/24 [120/1] via 192.168.1.2, 00:00:28, FastEthernet0/1
//RIP 路由，经过 1 跳，管理距离是 120
R       192.168.3.0/24 [120/2] via 192.168.1.2, 00:00:28, FastEthernet0/1
//RIP 路由，经过 2 跳，管理距离是 120
```

可以看出，路由器 R1 共有 4 条路由表，两条是直连路由，另外两条是路由器执行 RIP 路由协议学习到的路由信息。查看路由器 R2 和路由器 R3 的路由表，与路由器 R1 的路由条目对比一下，有什么不同。

查看路由器 R1 的 RIP 协议，结果如下：

```
R1#show ip protocols
Routing Protocol is "rip"                              //使用 RIP 路由
Sending updates every 30 seconds, next due in 8 seconds  //发送更新时间是 30 s
Invalid after 180 seconds, hold down 180, flushed after 240  //保持时间是 180 s
Outgoing update filter list for all interfaces is not set
```

Incoming update filter list for all interfaces is not set

Redistributing: rip

Default version control: send version 2, receive 2 　　　　　　//协议版本是 version2

Interface	Send	Recv	Triggered RIP	Key-chain
FastEthernet0/0	2	2		
FastEthernet0/1	2	2		

Automatic network summarization is in effect

Maximum path: 4

Routing for Networks:

　　192.168.0.0

　　192.168.1.0

Passive Interface(s):

Routing Information Sources:

Gateway	Distance	Last Update
192.168.1.2	120	00:00:03

Distance: (default is 120) 　　　　　　　　　　　　　//默认管理距离是 120

路由器 R1 上执行 show ip rip database 命令，结果如下：

R1#show ip rip database

192.168.0.0/24　　　directly connected, FastEthernet0/0　　　//直连路由

192.168.1.0/24　　　directly connected, FastEthernet0/1

192.168.2.0/24

　　[1] via 192.168.1.2, 00:00:26, FastEthernet0/1　　　//学习到的 RIP 路由，经过 1 跳

192.168.3.0/24

　　[2] via 192.168.1.2, 00:00:26, FastEthernet0/1　　　//学习到的 RIP 路由，经过 2 跳

上面的结果显示了路由器 R1 学习到的所有 RIP 路由，包括了添加到路由表中的 RIP 和没有添加的 RIP 路由。

4) 测试结果

主机 PC0 上 ping 主机 PC1，测试网络连通性，结果如下：

PC>ping 192.168.3.2

Pinging 192.168.3.2 with 32 bytes of data:

Reply from 192.168.3.2: bytes=32 time=125ms TTL=125

Reply from 192.168.3.2: bytes=32 time=125ms TTL=125

Reply from 192.168.3.2: bytes=32 time=125ms TTL=125

Reply from 192.168.3.2: bytes=32 time=94ms TTL=125

Ping statistics for 192.168.3.2:

　　Packets: Sent = 4, Received = 4, Lost = 0 (0% loss),

Approximate round trip times in milli-seconds:

        Minimum = 94ms, Maximum = 125ms, Average = 117ms

在该例子中，路由器 R1 配置了 RIP，且配置为每 30 s 发送一次更新的路由表信息。如果一台运行 RIP 的路由器在经过 180 s 或更长时间后，仍没有从另一台路由器接收到更新，它会将该路由器提供的路由标记为无效。抑制计时器设置为 180 s，因此，之前无效而现在有效的路由更新将在 180 s 内保持抑制状态。如果在 240 s 后仍然没有更新，路由器将把该路由表条目从路由器上删除。距离默认值 120 是 RIP 路由的管理距离。

关闭路由器 R3 的 Fa0/0 端口，R1 上立即执行 show ip route 命令，结果跟之前的路由信息一样，过一小会（30 s 之后，180 s 之前），重新执行 show ip route，结果显示如下：

    R1#show ip route

    C   192.168.0.0/24 is directly connected, FastEthernet0/0

    C   192.168.1.0/24 is directly connected, FastEthernet0/1

    R   192.168.2.0/24 [120/1] via 192.168.1.2, 00:00:41, FastEthernet0/1

    R   192.168.3.0/24 is possibly down, routing via 192.168.1.2, FastEthernet0/1

结果表明到达 192.168.3.0 网段的链路可能断开，这就是抑制时间，如果路由器 R3 的 Fa0/0 端口一直关闭（240 s 之后），这条路由将消失，重新打开路由器 R3 的 Fa0/0 端口，路由表又恢复正常。

4.3　OSPF 配　置

4.3.1　OSPF 概述

开放式最短路径优先协议（Open Shortest Path First，OSPF）是一种典型的链路状态路由协议，采用 OSPF 的路由器彼此交换并保存整个网络的链路信息，从而掌握全网的拓扑结构，独立计算路由。因为 RIP 路由协议不能应用于大型网络，所以 IETF 的 IGP 工作组特别开发出 OSPF，目前广泛使用的是 OSPF 第二版，最新标准为 RFC2328。

OSPF 作为一种内部网关协议（Interior Gateway Protocol，IGP），用于在同一个自治域（Autonomous System，AS）中的路由器之间发布路由信息。区别于距离矢量协议（RIP），OSPF 具有支持大型网络、路由收敛快、占用网络资源少等优点，在目前应用的路由协议中占有相当重要的地位。

OSPF 协议的工作过程主要有以下几步：

1. 了解直连网络

每台路由器通过检测哪些端口处于工作状态就可以了解连接自身的链路，对于链路状态路由协议来说，直连链路就是路由器上的一个端口，与距离矢量协议和静态路由一样，链路状态路由协议也需要下列条件才能了解直连链路：

(1) 正确配置端口 IP 地址和子网掩码；

(2) 激活端口；

(3) 将端口声明在一条 network 语句中。

2. 向邻居发送 Hello 数据包

每台路由器负责"问候"直连网络中的相邻路由器。与 EIGRP 路由器相似，链路状态路由器通过直连网络中的其他链路状态路由器互换 Hello 数据包来达到此目的。路由器使用 Hello 协议来发现其链路上的所有邻居，形成一种邻接关系，这里的邻居是指启用了相同的链路状态路由协议的其他任何路由器。这些小型 Hello 数据包持续在两个邻接的邻居之间互换，以此实现"保持激活"功能来监控邻居的状态。如果路由器不再收到某邻居的 Hello 数据包，则认为该邻居已无法到达，该邻接关系断开。

3. 建立链路状态数据包

每台路由器创建一个链路状态数据包(Link-State Packet，LSP)，其中包含与该路由器直连的每条链路的状态。这通过记录每个邻居的所有相关信息，包括邻居 ID、链路类型和带宽来完成。一旦建立了邻接关系，即可创建 LSP，并仅向建立邻接关系的路由器发送 LSP。LSP 中包含与该链路相关的链路状态信息、序列号以及过期信息。

4. 将链路状态数据包泛洪给邻居

每台路由器将 LSP 泛洪到所有邻居，然后邻居将收到的所有 LSP 存储到数据库中。接着，各个邻居将 LSP 泛洪给自己的邻居，直到区域中的所有路由器均收到那些 LSP 为止。每台路由器会在本地数据库中存储邻居发来的 LSP 的副本。路由器将其链路状态信息泛洪到路由区域内的其他所有链路状态路由器，它一旦收到来自邻居的 LSP，不经过中间计算，立即将这个 LSP 从除接收该 LSP 的端口以外的所有端口发出，此过程在整个路由区域内的所有路由器上形成 LSP 的泛洪效应。距离矢量路由协议则不同，它必须首先运行贝尔曼-福特算法来处理路由更新，然后才将它们发送给其他路由器。而链路状态路由协议则在泛洪完成后再计算 SPF 算法，因此达到收敛状态的速度比距离矢量路由协议快得多。LSP 在路由器初始启动期间，或路由协议过程启动期间，或在每次拓扑发生更改(包括链路接通或断开)时，或是邻接关系建立、断开时发送，并不需要定期发送。

5. 构建链路状态数据库

每台路由器使用数据库构建一个完整的拓扑图，并计算通向每个目的网络的最佳路径。就像拥有了地图一样，路由器现在拥有关于拓扑中所有目的地以及通向各个目的地的路由详细图。SPF 算法用于构建该拓扑图并确定通向每个网络的最佳路径，所有的路由器将会有共同的拓扑图或拓扑树，但是每一个路由器独立确定到达拓扑内每一个网络的最佳路径。在使用链路状态泛洪过程将自身的 LSP 传播出去后，每台路由器都将拥有来自整个路由区域内所有链路状态路由器的 LSP，都可以使用最短路径优先(Shortest Path First，SPF)算法来构建 SPF 树。这些 LSP 存储在链路状态数据库中。有了完整的链路状态数据库，即可使用该数据库和 SPF 算法来计算通向每个网络的首选(即最短)路径。

4.3.2　OSPF 配置实例

1. 实验目的

- 熟悉 OSPF 的基本概念；
- 掌握 OSPF 配置方法。

2. 实验设备

- Cisco 路由器 3 台；
- Cisco 交换机 2 台；
- PC 2 台；
- 连接线缆数根；
- Console 电缆 1 根。

3. 实验过程

如图 4-2 所示拓扑结构，构造同一自治区域的 OSPF 网络，在路由器 R1、R2 和 R3 上配置基本的 OSPF 协议。

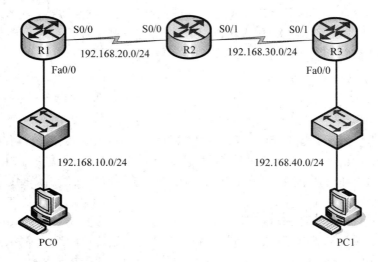

图 4-2　OSPF 配置

1) 主机配置

主机 PC0 配置如下：

　　IP 地址：192.168.10.2

　　子网掩码：255.255.255.0

　　网关：192.168.10.1

主机 PC1 配置如下：

　　IP 地址：192.168.40.2

　　子网掩码：255.255.255.0

　　网关：192.168.40.1

2) 路由器配置

路由器 R1 配置如下：

```
R1#config terminal
R1(config)#interface loopback 0                          //环回接口
R1(config-if)#ip address 1.1.1.1 255.255.255.0
R1(config-if)#no shutdown
```

```
        R1(config-if)#exit
        R1(config)#router ospf 100                              //启动 OSPF 路由协议
        R1(config-router)#network 192.168.0.0 0.0.255.255 area 0    //反掩码格式
        R1(config-router)#exit
        R1(config)#exit
```

路由器 R2 配置如下：

```
        R2#config terminal
        R2(config)#interface loopback 0
        R2(config-if)#ip address 2.2.2.2 255.255.255.0
        R2(config-if)#no shutdown
        R2(config-if)#exit
        R2(config)#router ospf 100
        R2(config-router)#network 192.168.0.0 0.0.255.255 area 0
        R2(config-router)#exit
        R2(config)#exit
```

路由器 R3 配置如下：

```
        R3#config terminal
        R3(config)#interface loopback 0
        R3(config-if)#ip address 3.3.3.3 255.255.255.0
        R3(config-if)#no shutdown
        R3(config-if)#exit
        R3(config)#router ospf 100
        R3(config-router)#network 192.168.0.0 0.0.255.255 area 0
        R3(config-router)#exit
        R3(config)#exit
```

3) 查看路由器

分别查看路由器 R1、R2 和 R3 的路由表，结果如下：

```
        R1#show ip route
            1.0.0.0/24 is subnetted, 1 subnets
        C        1.1.1.0 is directly connected, Loopback0
        C     192.168.10.0/24 is directly connected, FastEthernet0/0
        C     192.168.20.0/24 is directly connected, Serial0/0
        O     192.168.30.0/24 [110/128] via 192.168.20.2, 00:00:16, Serial0/0
        O     192.168.40.0/24 [110/129] via 192.168.20.2, 00:00:06, Serial0/0
```

以上结果表明路由器 R1 通过 OSPF 协议学习到两条 OSPF 路由。

```
        R2#show ip route
            2.0.0.0/24 is subnetted, 1 subnets
        C        2.2.2.0 is directly connected, Loopback0
        O     192.168.10.0/24 [110/65] via 192.168.20.1, 00:02:08, Serial0/0
```

C　　　192.168.20.0/24 is directly connected, Serial0/0

C　　　192.168.30.0/24 is directly connected, Serial0/1

O　　　192.168.40.0/24 [110/65] via 192.168.30.2, 00:02:08, Serial0/1

R3#show ip route

　　　3.0.0.0/24 is subnetted, 1 subnets

C　　　　3.3.3.0 is directly connected, Loopback0

O　　　192.168.10.0/24 [110/129] via 192.168.30.1, 00:02:31, Serial0/1

O　　　192.168.20.0/24 [110/128] via 192.168.30.1, 00:02:31, Serial0/1

C　　　192.168.30.0/24 is directly connected, Serial0/1

C　　　192.168.40.0/24 is directly connected, FastEthernet0/0

查看相关协议，结果如下：

R2#show ip protocols

　　Routing Protocol is "ospf 100"

　　　Outgoing update filter list for all interfaces is not set

　　　Incoming update filter list for all interfaces is not set

　　　Router ID 2.2.2.2　　　　　　　　　　　　//本路由器 ID

　　　Number of areas in this router is 1. 1 normal 0 stub 0 nssa

　　　Maximum path: 4　　　　　　　　　//默认支持等价路径数目，最大为 16 条

　　　Routing for Networks:

　　　　192.168.0.0 0.0.255.255 area 0　　　　　//表明 OSPF 通告的网络在 area 0

　　　Routing Information Sources:

　　　　Gateway　　　　Distance　　　Last Update

　　　　192.168.20.1　　　110　　　　00:03:37

　　　　192.168.30.2　　　110　　　　00:03:42

　　　Distance: (default is 110)　　　　　　//OSPF 路由协议默认的管理距离

R1#show ip ospf 100

//查看 OSPF 进程 ID、路由器 ID、OSPF 区域信息以及上次计算 SPF 算法的时间

Routing Process "ospf 100" with ID 1.1.1.1

Supports only single TOS(TOS0) routes

Supports opaque LSA

SPF schedule delay 5 secs, Hold time between two SPFs 10 secs

Minimum LSA interval 5 secs. Minimum LSA arrival 1 secs

Number of external LSA 0. Checksum Sum 0x000000

Number of opaque AS LSA 0. Checksum Sum 0x000000

Number of Dcbitless external and opaque AS LSA 0

Number of DoNotAge external and opaque AS LSA 0

Number of areas in this router is 1. 1 normal 0 stub 0 nssa

External flood list length 0

  Area BACKBONE(0)

    Number of interfaces in this area is 2

    Area has no authentication

    SPF algorithm executed 3 times

    Area ranges are

    Number of LSA 3. Checksum Sum 0x02fcfd

    Number of opaque link LSA 0. Checksum Sum 0x000000

    Number of Dcbitless LSA 0

    Number of indication LSA 0

    Number of DoNotAge LSA 0

    Flood list length 0

R1#show ip ospf interface S0/0

Serial0/0 is up, line protocol is up

  Internet address is 192.168.20.1/24, Area 0   //端口地址和运行 OSPF 的区域

  Process ID 100, Router ID 1.1.1.1, Network Type POINT-TO-POINT, Cost: 64

  //进程 ID、路由器 ID、网络类型及端口 cost 值

  Transmit Delay is 1 sec, State POINT-TO-POINT, Priority 0 //端口的传输延迟和状态

  No designated router on this network

  No backup designated router on this network

  Timer intervals configured, Hello 10, Dead 40, Wait 40, Retransmit 5   //计时器的值

    Hello due in 00:00:07   //距离下次发送 Hello 包的时间

  Index 2/2, flood queue length 0   //端口上泛洪的列表和泛洪队列长度

  Next 0x0(0)/0x0(0)   //指向索引，引用的是索引数据

  Last flood scan length is 1, maximum is 1   //上次泛洪列表的最大数目

  Last flood scan time is 0 msec, maximum is 0 msec

  //上次泛洪所用的时间及最大泛洪时间

  Neighbor Count is 1 , Adjacent neighbor count is 1   //邻居的个数以及邻接关系的邻居个数

    Adjacent with neighbor 2.2.2.2   //已经建立的邻接关系的邻居路由器 ID

  Suppress hello for 0 neighbor(s)   //没有 Hello 抑制

R2#show ip ospf neighbor   //查看 OSPF 邻居的基本信息

Neighbor ID	Pri	State	Dead Time	Address	Interface
1.1.1.1	0	FULL/ -	00:00:39	192.168.20.1	Serial0/0
3.3.3.3	0	FULL/ -	00:00:38	192.168.30.2	Serial0/1

以上表明路由器 R2 有两个邻居，它们的路由器 ID 分别为"1.1.1.1"和"3.3.3.3"，其

他参数解释如下：

- Pri：邻居路由器端口的优先级。
- State：当前邻居路由器端口的状态（OSPF 邻接关系建立过程中，端口的状态变化包括 Down、Init、2 Way、ExStart、Exchange、Loading 和 Full）。
- Dead Time：清楚邻居关系前等待的最长时间。
- Address：邻居端口的 IP 地址。
- Interface：自己和邻居路由器相连的端口。
- "-"：表示点到点的链路上 OSPF 不进行 DR 选举。

查看路由器 R1 的 OSPF 链路状态数据库，结果如下：

```
R1#show ip ospf database                              //显示 OSPF 链路状态数据库信息
                OSPF Router with ID (1.1.1.1) (Process ID 100)


                    Router Link States (Area 0)
    Link ID         ADV Router      Age     Seq#          Checksum    Link count
    1.1.1.1         1.1.1.1         764     0x80000003    0x0047ec    3
    2.2.2.2         2.2.2.2         764     0x80000004    0x00896e    4
    3.3.3.3         3.3.3.3         764     0x80000003    0x001ed2    3
```

参数解释如下：

- Link ID：指 Link State ID，代表整个路由器。
- ADV Router：通告链路状态信息的路由器 ID。
- Age：老化时间。
- Seq#：序列号。
- Checksum：校验和。
- Link count：通告路由器在本区域内的链路数目。

4）测试结果

在主机 PC0 上 ping 主机 PC1，测试网络连通性，结果如下：

```
PC>ping 192.168.40.2

Pinging 192.168.40.2 with 32 bytes of data:

Reply from 192.168.40.2: bytes=32 time=125ms TTL=125
Reply from 192.168.40.2: bytes=32 time=109ms TTL=125
Reply from 192.168.40.2: bytes=32 time=109ms TTL=125
Reply from 192.168.40.2: bytes=32 time=125ms TTL=125

Ping statistics for 192.168.40.2:
    Packets: Sent = 4, Received = 4, Lost = 0 (0% loss),
Approximate round trip times in milli-seconds:
    Minimum = 109ms, Maximum = 125ms, Average = 117ms
```

4.3.3　多路访问链路上的 OSPF

在广播式多路访问的网络中，运行 OSPF 协议时，需要选举指定路由器（Designated Router，DR）和备份路由器（Backup Designated Router，BDR）。OSPF 路由器选举端口优先级最高的路由器为 DR，端口优先级次高的路由器为 BDR，如果端口优先级相同，将使用 Router ID，Router ID 高的路由器被选为 DR 或 BDR，其他的路由器称为 DROther。

DR 和 BDR 选举原则如下：

(1) 最先启动的路由器被选举成 DR；

(2) 如果同时启动或者重新选举，则看路由器的端口优先级(范围为 0~255)，优先级最高的被选举成 DR，默认情况下，多路访问网络的端口优先级为 1，点到点网络端口优先级为 0，修改端口优先级的命令时"ip ospf priority priority"，如果端口的优先级被设为 0，那么该端口将不参与 DR 选举；

(3) 如果前两者相同，最后看路由器 ID，路由器 ID 最高的被选举成 DR。

1. 实验目的

● 熟悉广播多路访问链路 OSPF 协议；

● 配置广播多路访问链路上的 OSPF。

2. 实验设备

● Cisco 路由器 4 台；

● Cisco 交换机 1 台；

● RJ45 双绞线数根；

● Console 电缆 1 根。

3. 实验过程

如图 4-3 所示拓扑结构，实际的物理设备就是四台路由器连接在一台交换机上，在路由器 R1、R2、R3 和 R4 组成的多路访问链路上配置 OSPF 协议。

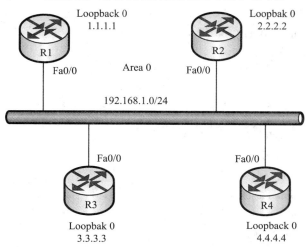

图 4-3　多路广播访问链路上的 OSPF

1) 路由器配置

路由器 R1 配置如下：

```
R1#config terminal
R1(config)#interface Fa0/0
R1(config-if)#ip address 192.168.1.1 255.255.255.0
R1(config-if)#no shutdown
R1(config)#interface loopback 0
R1(config-if)#ip address 1.1.1.1 255.255.255.0
R1(config-if)#exit
R1(config)#router ospf 1
R1(config-router)#router-id 1.1.1.1
R1(config-router)#network 1.1.1.0 0.0.0.255 area 0        //反掩码
R1(config-router)#network 192.168.1.0 0.0.0.255 area 0
R1(config-router)#exit
R1(config)#exit
```

路由器 R2 配置如下：

```
R2#config terminal
R2(config)#interface Fa0/0
R2(config-if)#ip address 192.168.1.2 255.255.255.0
R2(config-if)#no shutdown
R2(config)#interface loopback 0
R2(config-if)#ip address 2.2.2.2 255.255.255.0
R2(config-if)#exit
R2(config)#router ospf 1
R2(config-router)#router-id 2.2.2.2
R2(config-router)#network 2.2.2.0 0.0.0.255 area 0
R2(config-router)#network 192.168.1.0 0.0.0.255 area 0
R2(config-router)#exit
R2(config)#exit
```

路由器 R3 配置如下：

```
R3#config terminal
R3(config)#interface Fa0/0
R3(config-if)#ip address 192.168.1.3 255.255.255.0
R3(config-if)#no shutdown
R3(config)#interface loopback 0
R3(config-if)#ip address 3.3.3.3 255.255.255.0
R3(config-if)#exit
R3(config)#router ospf 1
R3(config-router)#router-id 3.3.3.3
```

R3(config-router)#network 3.3.3.0 0.0.0.255 area 0

R3(config-router)#network 192.168.1.0 0.0.0.255 area 0

R3(config-router)#exit

R3(config)#exit

路由器 R4 配置如下：

R4#config terminal

R4(config)#interface Fa0/0

R4(config-if)#ip address 192.168.1.4 255.255.255.0

R4(config-if)#no shutdown

R4(config)#interface loopback 0

R4(config-if)#ip address 4.4.4.4 255.255.255.0

R4(config-if)#exit

R4(config)#router ospf 1

R4(config-router)#router-id 4.4.4.4

R4(config-router)#network 4.4.4.0 0.0.0.255 area 0

R4(config-router)#network 192.168.1.0 0.0.0.255 area 0

R4(config-router)#exit

R4(config)#exit

2）查看路由器状态

路由器 R1 和 R2 上执行 show ip ospf neighbor 指令，结果如下：

R1#show ip ospf neighbor

Neighbor ID	Pri	State	Dead Time	Address	Interface
2.2.2.2	1	FULL/BDR	00:00:38	192.168.1.2	Fa0/0
3.3.3.3	1	FULL/DROTHER	00:00:33	192.168.1.3	Fa0/0
4.4.4.4	1	FULL/DROTHER	00:00:32	192.168.1.4	Fa0/0

R2#show ip ospf neighbor

Neighbor ID	Pri	State	Dead Time	Address	Interface
1.1.1.1	1	FULL/DR	00:00:32	192.168.1.1	Fa0/0
3.3.3.3	1	FULL/DROTHER	00:00:31	192.168.1.3	Fa0/0
4.4.4.4	1	FULL/DROTHER	00:00:30	192.168.1.4	Fa0/0

可以看出，在广播多路访问链路中，路由器 R1 是 DR，路由器 R2 是 BDR，路由器 R3 和路由器 R4 是 DROTHER。

路由器 R1 上执行 Show ip ospf interface 指令，结果如下：

R1#show ip ospf interface

FastEthernet0/0 is up, line protocol is up

Internet address is 192.168.1.1/24, Area 0

Process ID 1, Router ID 1.1.1.1, Network Type BROADCAST, Cost: 1

//网络类型为 BROADCAST

Transmit Delay is 1 sec, State DR, Priority 1

//自己的 State 是 DR，端口优先级为 1

Designated Router (ID) 1.1.1.1, Interface address 192.168.1.1

//DR 的路由器 ID 和端口地址

Backup Designated Router (ID) 2.2.2.2, Interface address 192.168.1.2

//BDR 的路由器 ID 和端口地址

Timer intervals configured, Hello 10, Dead 40, Wait 40, Retransmit 5

　　Hello due in 00:00:07

Index 1/1, flood queue length 0

Next 0x0(0)/0x0(0)

Last flood scan length is 1, maximum is 1

Last flood scan time is 0 msec, maximum is 0 msec

Neighbor Count is 3, Adjacent neighbor count is 3

//R1 有 3 个邻居，并且与 3 个邻居都形成了邻接关系

　　Adjacent with neighbor 2.2.2.2　　(Backup Designated Router)

　　Adjacent with neighbor 3.3.3.3

　　Adjacent with neighbor 4.4.4.4

Suppress hello for 0 neighbor(s)

Loopback0 is up, line protocol is up

Internet address is 1.1.1.1/24, Area 0

　　Process ID 1, Router ID 1.1.1.1, Network Type LOOPBACK, Cost: 1

Loopback interface is treated as a stub Host

可以看出，邻居关系和邻接关系是不能混为一谈的，邻居关系是指达到 2WAY 状态的两台路由器，而邻接关系是指达到 FULL 状态的两台路由器。

查看路由器 R1 的 Fa0/0 端口状态，结果如下：

R1#show ip interface Fa0/0

FastEthernet0/0 is up, line protocol is up (connected)

Internet address is 192.168.1.1/24　　　　　　　//网络地址

Broadcast address is 255.255.255.255　　　　　　//广播地址

Address determined by setup command

MTU is 1500

Helper address is not set

Directed broadcast forwarding is disabled

Outgoing access list is not set

Inbound　access list is not set

Proxy ARP is enabled

Security level is default

Split horizon is enabled

ICMP redirects are always sent

ICMP unreachables are always sent

ICMP mask replies are never sent

IP fast switching is disabled

IP fast switching on the same interface is disabled

IP Flow switching is disabled

IP Fast switching turbo vector

IP multicast fast switching is disabled

IP multicast distributed fast switching is disabled

Router Discovery is disabled

IP output packet accounting is disabled

IP access violation accounting is disabled

TCP/IP header compression is disabled

RTP/IP header compression is disabled

Probe proxy name replies are disabled

Policy routing is disabled

Network address translation is disabled

WCCP Redirect outbound is disabled

WCCP Redirect exclude is disabled

BGP Policy Mapping is disabled

3) 测试结果

在路由器 R1 上 ping 路由器 R4 的 Fa0/0 端口 IP 地址和环回地址，结果如下：

R1#ping 192.168.1.4

Type escape sequence to abort.

Sending 5, 100-byte ICMP Echos to 192.168.1.4, timeout is 2 seconds:

!!!!!

Success rate is 100 percent (5/5), round-trip min/avg/max = 2/48/79 ms

R1#ping 4.4.4.4

Type escape sequence to abort.

Sending 5, 100-byte ICMP Echos to 4.4.4.4, timeout is 2 seconds:

!!!!!

Success rate is 100 percent (5/5), round-trip min/avg/max = 49/55/70 ms

4.3.4　多区域 OSPF 配置

1. 实验目的

- 了解多区域 OSPF 概念;
- 熟悉多区域 OSPF 配置。

2. 实验设备

- Cisco 路由器 4 台;
- 连接线缆数根;
- Console 电缆 1 根。

3. 实验过程

如图 4-4 所示拓扑结构,在路由器 R1、R2、R3 和 R4 上进行多区域的 OSPF 配置。

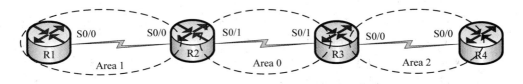

图 4-4　多区域 OSPF 配置

1) 路由器配置

路由器 R1 配置如下:

```
R1#config terminal
R1(config)#interface Loopback0
R1(config-if)#ip address 172.16.1.1 255.255.255.255
R1(config)#interfaceS0/0
R1(config-if)#ip address 172.16.12.1 255.255.255.0
R1(config-if)#clock rate 64000
R1(config-if)#no shutdown
R1(config-if)#exit
R1(config)#router ospf 1
R1(config-router)#router-id 1.1.1.1
R1(config-router)#network 172.16.1.0 255.255.255.0 area 1
R1(config-router)#network 172.16.12.0 255.255.255.0 area 1
R1(config-router)#exit
R1(config)#exit
```

路由器 R2 配置如下:

```
R2#config terminal
```

R2(config)#interface Loopback0

R2(config-if)#ip address 172.16.2.2 255.255.255. 255

R2(config)#interfaceS0/0

R2(config-if)#ip address 172.16.12.2 255.255.255.0

R2(config)#interfaceS0/1

R2(config-if)#ip address 172.16.23.2 255.255.255.0

R2(config-if)#clock rate 64000

R2(config-if)#no shutdown

R2(config-if)#exit

R2(config)#router ospf 1

R2(config-router)#router-id 2.2.2.2

R2(config-router)#network 172.16.12.0 255.255.255.0 area 1

R2(config-router)#network 172.16.2.0 255.255.255.0 area 0

R2(config-router)#network 172.16.23.0 255.255.255.0 area 0

R2(config-router)#exit

R2(config)#exit

路由器 R3 配置如下：

R3#config terminal

R3(config)#interface Loopback0

R3(config-if)#ip address 172.16.3.3 255.255.255. 255

R3(config)#interfaceS0/1

R3(config-if)#ip address 172.16.23.3 255.255.255.0

R3(config-if)#clock rate 64000

R3(config)#interfaceS0/0

R3(config-if)#ip address 172.16.34.3 255.255.255.0

R3(config-if)#clock rate 64000

R3(config-if)#no shutdown

R3(config-if)#exit

R3(config)#router ospf 1

R3(config-router)#router-id 3.3.3.3

R3(config-router)#network 172.16.23.0 255.255.255.0 area 0

R3(config-router)#network 172.16.3.0 255.255.255.0 area 0

R3(config-router)#network 172.16.34.0 255.255.255.0 area 2

R3(config-router)#exit

R3(config)#exit

路由器 R4 配置如下：

R4#config terminal

```
R4(config)#interface Loopback0
R4(config-if)#ip address 172.16.4.4 255.255.255. 255
R4(config)#interfaceS0/0
R4(config-if)#ip address 172.16.34.4 255.255.255.0
R4(config-if)#clock rate 64000
R4(config-if)#no shutdown
R4(config-if)#exit
R4(config)#router ospf 1
R4(config-router)#router-id 4.4.4.4
R4(config-router)#network 172.16.34.0 0.0.0.255 area 2
R4(config-router)#redistribute connected subnets        //将直连路由重分布到 OSPF 网络
R4(config-router)#exit
R4(config)#exit
```

在不同路由协议之间交换路由信息的过程称为路由重分布(Route Redistribute)。路由重分布为在同一个互联网络中高效地支持多种路由协议提供了可能,执行路由重分布的路由器被称为边界路由器,因为它们位于两个或多个自治系统的边界上。种子度量值是定义在路由重分布里的,它是一条从外部重分布进来的路由的初始度量值。

2) 查看路由器状态

查看路由器 R1、R2、R3 和 R4 的 OSPF 配置,结果如下:

```
R1#show ip route ospf
        172.16.0.0/16 is variably subnetted, 6 subnets, 2 masks
O IA    172.16.2.2 [110/65] via 172.16.12.2, 00:31:08, Serial0/0
O IA    172.16.3.3 [110/129] via 172.16.12.2, 00:30:53, Serial0/0
O IA    172.16.23.0 [110/128] via 172.16.12.2, 00:31:08, Serial0/0
O IA    172.16.34.0 [110/192] via 172.16.12.2, 00:30:53, Serial0/0


R2#show ip route ospf
        172.16.0.0/16 is variably subnetted, 7 subnets, 2 masks
O       172.16.1.1 [110/65] via 172.16.12.1, 00:32:08, Serial0/0
O       172.16.3.3 [110/65] via 172.16.23.3, 00:31:59, Serial0/1
O E2    172.16.4.0 [110/20] via 172.16.23.3, 00:31:59, Serial0/1
O IA    172.16.34.0 [110/128] via 172.16.23.3, 00:31:59, Serial0/1


R3#show ip route ospf
        172.16.0.0/16 is variably subnetted, 7 subnets, 2 masks
O IA    172.16.1.1 [110/129] via 172.16.23.2, 00:32:30, Serial0/1
O       172.16.2.2 [110/65] via 172.16.23.2, 00:32:40, Serial0/1
```

O E2   172.16.4.0 [110/20] via 172.16.34.4, 00:32:36, Serial0/0
O IA   172.16.12.0 [110/128] via 172.16.23.2, 00:32:30, Serial0/1

R4#show ip route ospf
          172.16.0.0/16 is variably subnetted, 7 subnets, 2 masks
O IA   172.16.1.1 [110/193] via 172.16.34.4, 00:00:05, Serial0/0
O IA   172.16.2.2 [110/129] via 172.16.34.4, 00:00:15, Serial0/0
O IA   172.16.3.3 [110/65] via 172.16.34.4, 00:00:15, Serial0/0
O IA   172.16.12.0 [110/192] via 172.16.34.4, 00:00:05, Serial0/0
O IA   172.16.23.0 [110/128] via 172.16.34.4, 00:00:15, Serial0/0

以上输出表明，路由表中带有"O"的路由是区域内路由，路由表中带有"O IA"的路由是区域间的路由，路由表中带有"O E2"的路由是外部自治系统被重分布到 OSPF 中的路由。可以看到，"O E2"路由条目的度量值都是 20，这是"O E2"路由的特征，当把外部自治系统的路由重分布到 OSPF 中时，如果不设置度量值和类型，默认度量值是 20，默认类型是"O E2"。

4.3.5 RIP 升级到 OSPF

1. 实验目的
● 熟悉 RIP 和 OSPF 的区别；
● 观察从 RIP 路由升级到 OSPF 路由，路由表的变化。

2. 实验设备
● Cisco 路由器 3 台；
● 连接线缆数根；
● Console 电缆 1 根。

3. 实验过程
如图 4-5 所示拓扑结构，首先对其进行 RIP v1 配置，然后进行 OSPF 配置，观察路由表变化，对比 RIP 路由协议和 OSPF 协议有什么不同。

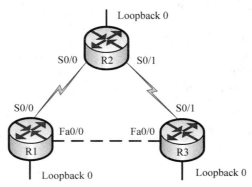

图 4-5   RIP 升级 OSPF

1) 端口设置

路由器 R1 端口设置如下(图中 Loopback 下面简写为 Lo)：

    Lo0：1.1.1.1/24

    S0/1：12.1.1.1/24

    Fa0/0：13.1.1.1/24

路由器 R2 端口设置如下：

    Lo0：2.2.2.2/24

    S0/0：12.1.1.2/24

    S0/1：23.1.1.2/24

路由器 R3 端口设置如下：

    Lo0：3.3.3.3/24

    S0/0：23.1.1.3/24

    Fa0/0：13.1.1.3/24

2) 路由器配置

路由器 R1 配置如下：

```
R1#config terminal
R1(config)#no cdp run
R1(config)#interface S0/0
R1(config-if)#ip address 12.1.1.1 255.255.255.0
R1(config-if)#no shutdown
R1(config-if)#exit
R1(config)#interface Fa0/0
R1(config-if)#ip address 13.1.1.1 255.255.255.0
R1(config-if)#no shutdown
R1(config-if)#exit
R1(config)#interface loopback 0
R1(config-if)#ip address 1.1.1.1 255.255.255.0
R1(config-if)#exit
R1(config)#router rip
R1(config-router)#network 1.0.0.0
R1(config-router)#network 12.0.0.0
R1(config-router)#network 13.0.0.0
R1(config-router)#exit
R1(config)#exit
```

路由器 R2 配置如下：

```
R2#config terminal
```

R2(config)#no cdp run

R2(config)#interface S0/0

R2(config-if)#ip address 12.1.1.2 255.255.255.0

R2(config-if)#no shutdown

R2(config-if)#exit

R2(config)#interface S0/1

R2(config-if)#ip address 23.1.1.2 255.255.255.0

R2(config-if)#no shutdown

R2(config-if)#exit

R2(config)#interface loopback 0

R2(config-if)#ip address 2.2.2.2 255.255.255.0

R2(config-if)#exit

R2(config)#router rip

R2(config-router)#network 2.0.0.0

R2(config-router)#network 12.0.0.0

R2(config-router)#network 23.0.0.0

R2(config-router)#exit

R2(config)#exit

路由器 R3 配置如下：

R3#config terminal

R3(config)#no cdp run

R3(config)#interface S0/1

R3(config-if)#ip address 23.1.1.3 255.255.255.0

R3(config-if)#no shutdown

R3(config-if)#exit

R3(config)#interface Fa0/0

R3(config-if)#ip address 13.1.1.3 255.255.255.0

R3(config-if)#no shutdown

R3(config-if)#exit

R3(config)#interface loopback 0

R3(config-if)#ip address 3.3.3.3 255.255.255.0

R3(config-if)#exit

R3(config)#router rip

R3(config-router)#network 3.0.0.0

R3(config-router)#network 23.0.0.0

R3(config-router)#network 13.0.0.0

R3(config-router)#exit

R3(config)#exit

3) 查看路由器

查看路由器 R1 的路由表，结果如下：

```
R1#show ip route
        1.0.0.0/24 is subnetted, 1 subnets
C           1.1.1.0 is directly connected, Loopback0
R       2.0.0.0/8 [120/1] via 12.1.1.2, 00:00:25, Serial0/0
R       3.0.0.0/8 [120/1] via 13.1.1.3, 00:00:06, FastEthernet0/0
        12.0.0.0/24 is subnetted, 1 subnets
C           12.1.1.0 is directly connected, Serial0/0
        13.0.0.0/24 is subnetted, 1 subnets
C           13.1.1.0 is directly connected, FastEthernet0/0
R       23.0.0.0/8 [120/1] via 12.1.1.2, 00:00:25, Serial0/0
            [120/1] via 13.1.1.3, 00:00:06, FastEthernet0/0
```

从上可以看出，路由器采用自动汇总，路由器 R1 从 R2 和 R3 学到的是 2.0.0.0/8、3.0.0.0/8、23.0.0.0/8 路由，都被自动汇总了。还有一点，RIP 只是简单地根据跳数来判断路由的优劣，RIP 认为有两条去往 23.0.0.0/8 网段的等值路由，但实际上一条是 100 Mb/s，另一条是 1.544 Mb/s，显然没有分出优劣，不符合常理。

在路由器 R1、R2 和 R3 上使用"no auto-sunmmy"命令关闭自动路由汇总。

```
R1(config)#router rip
R1(config-router)#no auto-summary

R2(config)#router rip
R2(config-router)#no auto-summary

R3(config)#router rip
R3(config-router)#no auto-summary
```

再次查看 R1 的路由表，发现没有任何变化，这是因为 RIPv1 不能关闭自动路由汇总，因为 RIPv1 是有类路由协议，不支持 VLSM 和 CIDR。下面我们把 RIPv1 升级到 RIPv2：

```
R1(config)#router rip
R1(config-router)#version 2

R2(config)#router rip
R2(config-router)#version 2

R3(config)#router rip
R3(config-router)#version 2
```

立即查看路由器 R1 的路由表，结果如下：

```
R1#show ip route
    1.0.0.0/24 is subnetted, 1 subnets
C       1.1.1.0 is directly connected, Loopback0
    2.0.0.0/8 is variably subnetted, 2 subnets, 2 masks
R       2.0.0.0/8 [120/1] via 12.1.1.2, 00:01:11, Serial0/0
R       2.2.2.0/24 [120/1] via 12.1.1.2, 00:00:15, Serial0/0
    3.0.0.0/8 is variably subnetted, 2 subnets, 2 masks
R       3.0.0.0/8 [120/1] via 13.1.1.3, 00:01:30, FastEthernet0/0
R       3.3.3.0/24 [120/1] via 13.1.1.3, 00:00:06, FastEthernet0/0
    12.0.0.0/24 is subnetted, 1 subnets
C       12.1.1.0 is directly connected, Serial0/0
    13.0.0.0/24 is subnetted, 1 subnets
C       13.1.1.0 is directly connected, FastEthernet0/0
    23.0.0.0/8 is variably subnetted, 2 subnets, 2 masks
R       23.0.0.0/8 [120/1] via 12.1.1.2, 00:01:11, Serial0/0
                   [120/1] via 13.1.1.3, 00:01:30, FastEthernet0/0
R       23.1.1.0/24 [120/1] via 12.1.1.2, 00:00:15, Serial0/0
                    [120/1] via 13.1.1.3, 00:00:06, FastEthernet0/0
```

上面的结果可以看出，黑体部分是之前路由表的条目，这是因为 RIP 路由协议还没有收敛。耐心等几分钟（实际上这个时间还是比较长的），再次查看路由表，结果如下：

```
R1#show ip route
    1.0.0.0/24 is subnetted, 1 subnets
C       1.1.1.0 is directly connected, Loopback0
    2.0.0.0/24 is subnetted, 1 subnets
R       2.2.2.0 [120/1] via 12.1.1.2, 00:00:16, Serial0/0
    3.0.0.0/24 is subnetted, 1 subnets
R       3.3.3.0 [120/1] via 13.1.1.3, 00:00:22, FastEthernet0/0
    12.0.0.0/24 is subnetted, 1 subnets
C       12.1.1.0 is directly connected, Serial0/0
    13.0.0.0/24 is subnetted, 1 subnets
C       13.1.1.0 is directly connected, FastEthernet0/0
    23.0.0.0/24 is subnetted, 1 subnets
R       23.1.1.0 [120/1] via 12.1.1.2, 00:00:16, Serial0/0
                 [120/1] via 13.1.1.3, 00:00:22, FastEthernet0/0
```

可以看出，RIP 路由协议已经收敛，路由器 R1 的路由表出现了 24 位的路由条目，原来的 8 位路由条目已经消失。这说明 RIPv2 是一个无类路由协议，支持 VLSM 和 CIDR，能关闭自动汇总，支持手工汇总。但另一点，不管是 RIPv1 还是 RIPv2，都存在一个弱点，收敛速度比较慢。

接着在路由器 R1、R2 和 R3 上配置 OSPF 路由，添加如下代码：

```
R1(config)#router ospf 100
R1(config-router)#network 1.1.1.0 0.0.0.255 area 0
R1(config-router)#network 12.1.1.0 0.0.0.255 area 0
R1(config-router)#network 13.1.1.0 0.0.0.255 area 0
R1(config-router)#exit


R2(config)#router ospf 100
R2(config-router)#network 2.2.2.0 0.0.0.255 area 0
R2(config-router)#network 23.1.1.0 0.0.0.255 area 0
R2(config-router)#network 12.1.1.0 0.0.0.255 area 0
R2(config-router)#exit


R3(config)#router ospf 100
R3(config-router)#network 3.3.3.0 0.0.0.255 area 0
R3(config-router)#network 23.1.1.0 0.0.0.255 area 0
R3(config-router)#network 13.1.1.0 0.0.0.255 area 0
R3(config-router)#exit
```

查看路由器 R1 的路由表，结果如下：

```
R1#show ip route
        1.0.0.0/24 is subnetted, 1 subnets
C          1.1.1.0 is directly connected, Loopback0
        2.0.0.0/8 is variably subnetted, 2 subnets, 2 masks
R          2.2.2.0/24 [120/1] via 12.1.1.2, 00:00:13, Serial0/0
O          2.2.2.2/32 [110/65] via 12.1.1.2, 00:01:26, Serial0/0
        3.0.0.0/8 is variably subnetted, 2 subnets, 2 masks
R          3.3.3.0/24 [120/1] via 13.1.1.3, 00:00:11, FastEthernet0/0
O          3.3.3.3/32 [110/2] via 13.1.1.3, 00:00:05, FastEthernet0/0
        12.0.0.0/24 is subnetted, 1 subnets
C          12.1.1.0 is directly connected, Serial0/0
        13.0.0.0/24 is subnetted, 1 subnets
C          13.1.1.0 is directly connected, FastEthernet0/0
        23.0.0.0/24 is subnetted, 1 subnets
O          23.1.1.0 [110/65] via 13.1.1.3, 00:00:05, FastEthernet0/0
```

从上可以看出，路由表中有两条 RIP 路由和三条 OSPF 路由。在配置 OSPF 之前，路由器 R1 上有 3 条 RIP 路由，为什么现在是两条？少了"R 23.0.0.0/24"的路由。这是因为 R1 通过 RIP 学到了 23.0.0.0/24 的路由，通过 OSPF 也学到了"23.0.0.0/24"的路由，因为路由表中只保存最优路由，同样是 23.0.0.0/24 的路由，OSPF 的路由的管理距离是 110，

RIP 路由的管理距离是 120，路由表中自然只保存最优的路由。

但是为什么还有两条 RIP 路由呢？我们仔细看一下保留的 RIP 路由：

R   **2.2.2.0/24** [120/1] via 12.1.1.2, 00:00:13, Serial0/0

O   **2.2.2.2/32** [110/65] via 12.1.1.2, 00:01:26, Serial0/0

通过黑体部分可以看到通过 OSPF 协议，路由器 R1 学习到 R2 的环回端口是 32 位的主机路由 2.2.2.2/32，而通过 RIPv2 学习到的是 2.2.2.0/24，掩码长度不同，这是两条不同的路由，所以出现了 RIP 路由和 OSPF 路由共存。

另一个问题是路由器 R1 去往 2.2.2.2，R1 选择的是 OSPF 路由还是 RIP 路由？大多数人会回答 OSPF，实际上路由器就是选择 OSPF 路由，但这里不是因为 OSPF 的管理距离小，而是因为子网掩码长度，OSPF 路由能匹配 32 位，而 RIP 只能匹配 24 位。

执行 no router rip 命令，取消路由器 R1、R2 和 R3 上的 RIP 协议，网络中只有单一的 OSPF 路由协议，立即查看 R1 的路由表，结果如下：

```
R1#show ip route
        1.0.0.0/24 is subnetted, 1 subnets
C           1.1.1.0 is directly connected, Loopback0
        2.0.0.0/32 is subnetted, 1 subnets
O           2.2.2.2 [110/65] via 12.1.1.2, 00:22:31, Serial0/0
        3.0.0.0/32 is subnetted, 1 subnets
O           3.3.3.3 [110/2] via 13.1.1.3, 00:21:10, FastEthernet0/0
        12.0.0.0/24 is subnetted, 1 subnets
C           12.1.1.0 is directly connected, Serial0/0
        13.0.0.0/24 is subnetted, 1 subnets
C           13.1.1.0 is directly connected, FastEthernet0/0
        23.0.0.0/24 is subnetted, 1 subnets
O           23.1.1.0 [110/65] via 13.1.1.3, 00:21:10, FastEthernet0/0
```

可以看出，路由器 R1 很快就成功收敛，关闭路由器 R2 的环回端口，添加如下指令：

```
R2(config)#interface loopback 0
R2(config-if)#shutdown
```

立即查看路由器 R1 的路由表，结果如下：

```
R1#show ip route
        1.0.0.0/24 is subnetted, 1 subnets
C           1.1.1.0 is directly connected, Loopback0
        3.0.0.0/32 is subnetted, 1 subnets
O           3.3.3.3 [110/2] via 13.1.1.3, 00:27:45, FastEthernet0/0
        12.0.0.0/24 is subnetted, 1 subnets
C           12.1.1.0 is directly connected, Serial0/0
        13.0.0.0/24 is subnetted, 1 subnets
C           13.1.1.0 is directly connected, FastEthernet0/0
```

23.0.0.0/24 is subnetted, 1 subnets

O　　　　23.1.1.0 [110/65] via 13.1.1.3, 00:27:45, FastEthernet0/0

可以看出路由器 R1 的路由表中已经清除了去往路由器 R2 环回端口的路由。使用 no shutdown 命令重新打开路由器 R2 的环回端口，查看路由器 R1 的路由表，R2 的环回端口路由又恢复了。由此看出，OSPF 能够快速收敛。

4.4　EIGRP 配　置

增强型内部网关协议(Enhanced Interior Gateway Routing Protocol，EIGRP)是由 Cisco 开发的高级距离矢量路由协议。EIGRP 适用于许多不同的拓扑和介质。在设计合理的网络中，EIGRP 具有良好的适应性，并以最小的开销提供极快的收敛速度，EIGRP 是 Cisco 设备常用的路由协议。

EIGRP 使用 5 种分组类型来维护它的各种表以及邻居路由器的关系，分组类型包括 Hello 分组、Ack 分组、Update 分组、Query 分组和 Reply 分组，邻居之间的交互关系如图 4-6 所示。

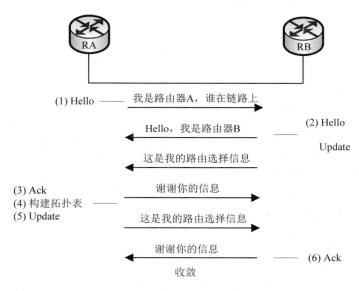

图 4-6　EIGRP 邻居相互交换路由信息

1. Hello 分组

EIGRP 使用 Hello 分组来发现、验证和重新发现邻居路由器。EIGRP 以固定的时间间隔发送 Hello 分组，默认的 Hello 间隔与端口的带宽和类型有关。除了小于或等于 1.544 Mb/s 的多点帧中继链路是 60 s 外，其他链路的 Hello 间隔时间都是 5 s，Hello 分组使用组播地址 224.0.0.20 发送。在邻居表中包含一个"保持时间"字段，记录了最后收到分组的时间。如果 EIGRP 路由器在保持时间间隔(hold time interval)内没有收到邻居路由器的任何 Hello 分组，就认为这个邻居出现故障，邻居关系被重置，在默认情况下，保持时间是 Hello 间隔的 3 倍。

2. 确认(Ack)分组

EIGRP 路由器在交互期间，使用确认分组表示收到了 EIGRP 分组。EIGRP 路由器必须确认发送者的信息，保证在路由器间提供可靠的通信。与多播的 Hello 分组不同，确认分组是单播的，只发往特定的路由器。为了提高效率，确认分组也可以搭载在其他类型的 EIGRP 分组上。

3. 更新(Update)分组

当路由器发现新的邻居时，使用更新分组。一台 EIGRP 路由器向新的邻居发送单播的更新分组使之可以被加入到拓扑表中。

4. 查询(Query)分组

当 EIGRP 路由器需要从一个或所有的邻居那里得到指定信息时，使用查询分组。EIGRP 路由器丢失某条路由的后继，并且找不到可行性后继时，将这条路由置为活动状态，然后路由器向所有的邻居组播查询，寻找到达目的网络的后继。查询分组可以是组播或单播发送，查询分组是可靠的，不要进行确认。

5. 回复(Reply)分组

对邻居路由器的查询信息进行回复。回复分组总是单播发送的，并且是可靠的，需要进行确认。

4.4.1 EIGRP 基本配置

1. 实验目的

● 了解 EIGRP 协议；
● 掌握 EIGRP 基本配置。

2. 实验设备

● Cisco 路由器 3 台；
● PC 2 台；
● 连接线缆数根；
● Console 电缆 1 根。

3. 实验过程

如图 4-7 所示拓扑图，配置 EIGRP 协议。

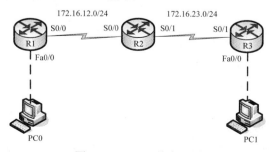

图 4-7 EIGRP 基本配置

1) 主机配置

主机 PC0 配置如下：

    IP 地址：192.168.0.2

    子网掩码：255.255.255.0

    网关：192.168.0.1

主机 PC1 配置如下：

    IP 地址：192.168.1.2

    子网掩码：255.255.255.0

    网关：192.168.1.1

2) 路由器配置

路由器 R1 配置如下：

```
R1#config terminal
R1(config)#interface S0/0
R1(config-if)#ip address 172.16.12.1 255.255.255.0
R1(config-if)#no shutdown
R1(config-if)#exit
R1(config)#interface Fa0/0
R1(config-if)#ip address 192.168.0.1 255.255.255.0
R1(config-if)#no shutdown
R1(config-if)#exit
R1(config)#router eigrp 100                    //自治系统 AS 为 100
R1(config-router)#network 172.16.12.0          //将网络 172.16.12.0 宣告到 EIGRP 网络
R1(config-router)#network 192.168.0.0
R1(config-router)#exit
R1(config)#exit
```

路由器 R2 配置如下：

```
R2#config terminal
R2(config)#interface S0/0
R2(config-if)#ip address 172.16.12.2 255.255.255.0
R2(config-if)#no shutdown
R2(config-if)#exit
R2(config)#interface S0/1
R2(config-if)#ip address 172.16.23.2 255.255.255.0
R2(config-if)#no shutdown
R2(config-if)#exit
R2(config)#router eigrp 100
R2(config-router)#network 172.16.12.0
R2(config-router)#network 172.16.23.0
```

R2(config-router)#exit

R2(config)#exit

路由器 R3 配置如下：

R3#config terminal

R3(config)#interface S0/1

R3(config-if)#ip address 172.16.23.3 255.255.255.0

R3(config-if)#no shutdown

R3(config-if)#exit

R3(config)#interface Fa0/0

R3(config-if)#ip address 192.168.1.1 255.255.255.0

R3(config-if)#no shutdown

R3(config-if)#exit

R3(config)#router eigrp 100

R3(config-router)#network 172.16.23.0

R3(config-router)#network 192.168.1.0

R3(config-router)#exit

R3(config)#exit

3) 查看路由器状态

查看路由器 R1 的路由表，结果如下：

R1#show ip route

（省略）

　　172.16.0.0/16 is variably subnetted, 3 subnets, 2 masks

D　　172.16.0.0/16 is a summary, 00:16:01, Null0

//EIGRP 路由，指向 Null0 端口的汇总路由

C　　172.16.12.0/24 is directly connected, Serial0/0

D　　172.16.23.0/24 [90/2681856] via 172.16.12.2, 00:15:26, Serial0/0

C　192.168.0.0/24 is directly connected, FastEthernet0/0

D　192.168.1.0/24 [90/2684416] via 172.16.12.2, 00:14:33, Serial0/0

可以看出，路由器 R1 通过 EIGRP 协议学到了 3 条路由，管理距离是 90。

查看路由 R1 的路由协议，结果如下：

R1#show ip protocols

Routing Protocol is "eigrp　100 "　　　　　　　　//AS 号码为 100

　　Outgoing update filter list for all interfaces is not set

　　Incoming update filter list for all interfaces is not set

　　//表明入方向和出方向都没有配置分布列表

　　Default networks flagged in outgoing updates

//允许出方向接收默认路由信息，通过路由模式下的"default-information out"命令配置

Default networks accepted from incoming updates

//允许入方向接收默认路由信息，通过路由模式下的"default-information in"命令配置

EIGRP metric weight K1=1, K2=0, K3=1, K4=0, K5=0

//显示计算度量值所用的 K 值

EIGRP maximum hopcount 100

//EIGRP 支持的最大跳数，默认为 100，最大为 255

EIGRP maximum metric variance 1

//EIGRP 值默认为 1，即默认时只支持等价路径的负载均衡

Redistributing: eigrp 100   //没有其他协议重分布进来

　　Automatic network summarization is in effect

　　//自动汇总已经开始，默认自动汇总是开启的

　　Automatic address summarization: //自动汇总如下：

　　　　172.16.0.0/16 for FastEthernet0/0

　　　　　Summarizing with metric 2169856

//自动汇总成 172.16.0.0/16 网络，并从端口 Fa0/0 以初始度量值 2169856 发送出去

Maximum path: 4   //默认支持负载均衡路径的条数，最大 16 条

Routing for Networks:

　　172.16.0.0

　　192.168.0.0

Routing Information Sources: //路由信息源：

　　Gateway   Distance   Last Update

　　172.16.12.2   90   8062

Distance: internal 90 external 170//管理距离是 170

查看路由器 R1 的邻居表，结果如下：

R1#show ip eigrp neighbors

IP-EIGRP neighbors for process 100

H	Address	Interface	Hold (sec)	Uptime	SRTT (ms)	RTO	Q Cnt	Seq Num
0	172.16.12.2	Se0/0	13	00:21:28	40	1000	0	5

结果表明，路由器 R1 有一个邻居，参数如下：

● H：表示邻居路由器被学到的顺序，0 是最早学到的。

● Address：表示邻居路由器端口的 IP 地址。

● Interface：表示路由器的本地端口。

● Hold：表示当前的保持时间。

● Uptime：表示邻居路由器进入邻居表的时间。

● SRTT 和 RTO：表示平均往返时间和重传时间。

● Q：表示队列数，一般总是 0，如果大于 0 说明有 EIGRP 的数据包在排队，等待

被发送。

● Seq：表示序列号，被用来追踪更新、查询和回复分组。

查看路由器 R1 的拓扑表，结果如下：

```
R1#show ip eigrp topology
IP-EIGRP Topology Table for AS 100
Codes: P - Passive, A - Active, U - Update, Q - Query, R - Reply,
      r - Reply status


P 172.16.12.0/24, 1 successors, FD is 2169856
    via Connected, Serial0/0
P 192.168.0.0/24, 1 successors, FD is 28160
    via Connected, FastEthernet0/0
P 172.16.0.0/16, 1 successors, FD is 2169856
    via Summary (2169856/0), Null0
P 172.16.23.0/24, 1 successors, FD is 2681856
    via 172.16.12.2 (2681856/2169856), Serial0/0
P 192.168.1.0/24, 1 successors, FD is 2684416
    via 172.16.12.2 (2684416/2172416), Serial0/0
```

参数解释如下：

● P：表示路由是被动的(passive)，即路由是稳定和可用的。

● 172.16.12.0/24：是目标网络。

● 1 successors：表示有一个后继，就是到远程网络只有一条最佳路由。

● FD is 2169856：表示可行距离的最小度量值，即表示这条路径是最佳路径。可行距离是下一跳路由器的报告距离和本路由器到下一跳路由器的距离之和。

● via Connected：表示路由来源，当前路由来源是直连。

● Serial0/0：表示本路由器可到达目标网络的端口。

查看路由器 R1 的端口状态，结果如下：

```
R1#show ip eigrp interfaces
IP-EIGRP interfaces for process 100
```

Interface	Peers	Xmit Queue Un/Reliable	Mean SRTT	Pacing Time Un/Reliable	Multicast Flow Timer	Pending Routes
Fa0/0	0	0/0	1236	0/10	0	0
Se0/0	1	0/0	1236	0/10	0	0

查看路由器 R1 的 EIGRP 接收和发送数据包的统计情况，结果如下：

```
R1#show ip eigrp traffic
IP-EIGRP Traffic Statistics for process 100
    Hellos sent/received: 413/207          //发送和接收的 Hello 数据包
    Updates sent/received: 4/3             //发送和接收的 Update 数据包
```

Queries sent/received: 0/0　　　　　　//发送和接收的 Query 数据包

Replies sent/received: 0/0　　　　　　//发送和接收的 Reply 数据包

Acks sent/received: 2/4　　　　　　　//发送和接收的 Ack 数据包

Input queue high water mark 1, 0 drops　　//EIGRP 输入队列

SIA-Queries sent/received: 0/0　　　　//发送和接收的 SIA 数据包

SIA-Replies sent/received: 0/0　　　　//发送和接收的 SIA-Reply 数据包

查看路由器 R1 端口状态，结果如下：

R1#show interfaces Fa0/0

FastEthernet0/0 is up, line protocol is up (connected)

Hardware is Lance, address is 0060.7091.d601 (bia 0060.7091.d601)

Internet address is 192.168.0.1/24

MTU 1500 bytes, BW 100000 Kbit, DLY 100 usec,

reliability 255/255, txload 1/255, rxload 1/255

4）测试结果

在主机 PC0 上 ping 主机 PC1，测试网络连通性，结果如下：

PC>ping 192.168.1.2

Pinging 192.168.1.2 with 32 bytes of data:

Reply from 192.168.1.2: bytes=32 time=125ms TTL=125

Reply from 192.168.1.2: bytes=32 time=109ms TTL=125

Reply from 192.168.1.2: bytes=32 time=109ms TTL=125

Reply from 192.168.1.2: bytes=32 time=112ms TTL=125

Ping statistics for 192.168.1.2:

Packets: Sent = 4, Received = 4, Lost = 0 (0% loss),

Approximate round trip times in milli-seconds:

Minimum = 109ms, Maximum = 125ms, Average = 113ms

4.4.2　EIGRP 路由选择

1. 实验目的
- 熟悉 EIGRP 路由选择概念；
- 熟悉 EIGRP 路由选择过程。

2. 实验设备
- Cisco 路由器 3 台；
- PC 3 台；
- 连接线缆数根；
- Console 线缆 1 根。

3．实验过程

路由器到达目的网络的路径不止一条时，会如何选择路径？如图 4-8 所示的拓扑结构，路由器 R1 访问目标网段 172.8.23.0/24，可以经路由器 R2 访问，也可以经路由器 R3 访问。下面的例子分析了 EIGRP 路由协议怎样选择路径。

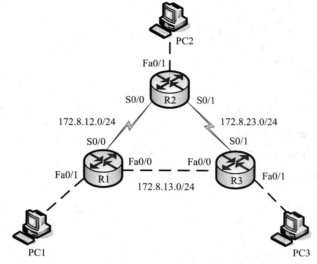

图 4-8　EIGRP 路由选择

1）主机配置

主机 PC1 配置如下：

　　IP 地址：192.168.1.2

　　子网掩码：255.255.255.0

　　网关：192.168.1.1

主机 PC2 配置如下：

　　IP 地址：192.168.2.2

　　子网掩码：255.255.255.0

　　网关：192.168.2.1

主机 PC3 配置如下：

　　IP 地址：192.168.3.2

　　子网掩码：255.255.255.0

　　网关：192.168.3.1

2）路由器配置

路由器 R1 配置如下：

　　R1#config terminal

　　R1(config)#interface Fa0/0

　　R1(config-if)#ip address 172.8.13.1 255.255.255.0

　　R1(config-if)#no shutdown

　　R1(config-if)#exit

R1(config)#interface Fa0/1

R1(config-if)#ip address 192.168.1.1 255.255.255.0

R1(config-if)#no shutdown

R1(config-if)#exit

R1(config)#interface S0/0

R1(config-if)#ip address 172.8.12.1 255.255.255.0

R1(config-if)#no shutdown

R1(config-if)#exit

R1(config)#router eigrp 100

R1(config-router)#network 172.8.12.0 0.0.0.255   //使用反掩码将网段声明到 EIGRP 网络

R1(config-router)#network 172.8.13.0 0.0.0.255

R1(config-router)#network 192.168.1.0 0.0.0.255

R1(config-router)#exit

R1(config)#exit

路由器 R2 配置如下:

R2#config terminal

R2(config)#interface Fa0/1

R2(config-if)#ip address 192.168.2.1 255.255.255.0

R2(config-if)#no shutdown

R2(config-if)#exit

R2(config)#interface S0/0

R2(config-if)#ip address 172.8.12.2 255.255.255.0

R2(config-if)#no shutdown

R2(config-if)#exit

R2(config)#interface S0/1

R2(config-if)#ip address 172.8.23.2 255.255.255.0

R2(config-if)#no shutdown

R2(config-if)#exit

R2(config)#router eigrp 100

R2(config-router)#network 172.8.12.0 0.0.0.255

R2(config-router)#network 172.8.23.0 0.0.0.255

R2(config-router)#network 192.168.2.0 0.0.0.255

R2(config-router)#exit

R2(config-if)#exit

路由器 R3 配置如下:

R3#config terminal

R3(config)#interface Fa0/0

R3(config-if)#ip address 172.8.13.3 255.255.255.0

R3(config-if)#no shutdown

R3(config-if)#exit

R3(config)#interface Fa0/1

R3(config-if)#ip address 192.168.3.1 255.255.255.0

R3(config-if)#no shutdown

R3(config-if)#exit

R3(config)#interface S0/1

R3(config-if)#ip address 172.8.23.3 255.255.255.0

R3(config-if)#no shutdown

R3(config-if)#exit

R3(config)#router eigrp 100

R3(config-router)#network 172.8.13.0 0.0.0.255

R3(config-router)#network 172.8.23.0 0.0.0.255

R3(config-router)#network 192.168.3.0 0.0.0.255

R3(config-router)#exit

R3(config-if)#exit

3) 查看路由器

查看路由器 R1 的邻居表，结果如下：

R1#show ip eigrp neighbors

IP-EIGRP neighbors for process 100

H	Address	Interface	Hold (sec)	Uptime	SRTT (ms)	RTO	Q Cnt	Seq Num
0	172.8.13.3	Fa0/0	12	00:29:10	40	1000	0	13
1	172.8.12.2	Se0/0	13	00:29:04	40	1000	0	9

可以看出，路由器 R1 有两个邻居，分别是路由器 R2 和 R3。

查看路由器 R1 的路由表，结果如下：

R1#show ip route

    172.8.0.0/16 is variably subnetted, 4 subnets, 2 masks

D   172.8.0.0/16 is a summary, 00:04:08, Null0

C   172.8.12.0/24 is directly connected, Serial0/0

C   172.8.13.0/24 is directly connected, FastEthernet0/0

D   172.8.23.0/24 [90/2172416] via 172.8.13.3, 00:01:18, FastEthernet0/0

C   192.168.1.0/24 is directly connected, FastEthernet0/1

D   192.168.2.0/24 [90/2172416] via 172.8.12.2, 00:02:26, Serial0/0

D   192.168.3.0/24 [90/30720] via 172.8.13.3, 00:01:07, FastEthernet0/0

可以看出，路由器 R1 去往 172.8.23.0/24 的路由只有一条，是经由路由器 R3 转发的数据包，如果运行的是 RIP 协议，这里将会出现两条等值的路径，因为 RIP 只是简单地根据跳数判断路径的优劣。EIGRP 使用的是复合度量值，默认与带宽和延时有关。

查看路由器 R1 的拓扑表，结果如下：

```
R1#show ip eigrp topology
IP-EIGRP Topology Table for AS 100
P 172.8.13.0/24, 1 successors, FD is 28160
    via Connected, FastEthernet0/0
P 192.168.1.0/24, 1 successors, FD is 28160
    via Connected, FastEthernet0/1
P 172.8.0.0/16, 1 successors, FD is 28160
    via Summary (28160/0), Null0
P 172.8.12.0/24, 1 successors, FD is 2169856
    via Connected, Serial0/0
P 192.168.3.0/24, 1 successors, FD is 30720
    via 172.8.13.3 (30720/28160), FastEthernet0/0
P 192.168.2.0/24, 1 successors, FD is 2172416
    via 172.8.12.2 (2172416/28160), Serial0/0
P 172.8.23.0/24, 1 successors, FD is 2172416
    via 172.8.13.3 (2172416/2169856), FastEthernet0/0
    via 172.8.12.2 (2681856/2169856), Serial0/0
```

可以看出，去往 **172.8.23.0/24** 的路径有两条，即从路由器 R2 和 R3 都可以到达，但是从 R3 的度量值是 2 172 416，比从 R2 经过的度量值 2 681 856 要小，因此最小度量值的路径进入路由表。

4) 测试结果

在路由器 R1 上访问 172.8.23.0/24 网段，结果如下：

```
R1#ping 172.8.23.2

Type escape sequence to abort.
Sending 5, 100-byte ICMP Echos to 172.8.23.2, timeout is 2 seconds:
!!!!!
Success rate is 100 percent (5/5), round-trip min/avg/max = 31/46/63 ms
```

在主机 PC1 上 ping 主机 PC2，测试网络的连通性，结果如下：

```
PC>ping 192.168.2.2

Pinging 192.168.2.2 with 32 bytes of data:
```

Reply from 192.168.2.2: bytes=32 time=94ms TTL=126

Reply from 192.168.2.2: bytes=32 time=66ms TTL=126

Reply from 192.168.2.2: bytes=32 time=94ms TTL=126

Reply from 192.168.2.2: bytes=32 time=93ms TTL=126

Ping statistics for 192.168.2.2:

　　Packets: Sent = 4, Received = 4, Lost = 0 (0% loss),

Approximate round trip times in milli-seconds:

　　Minimum = 66ms, Maximum = 94ms, Average = 86ms

4.4.3　EIGRP 高级配置

1. 实验目的

- 了解 EIGRP 高级配置。

2. 实验设备

- Cisco 路由器 2 台；
- 连接线缆数根；
- Console 电缆 1 根。

3. 实验过程

1) EIGRP 汇总

EIGRP 协议和 RIP 协议一样，默认自动在主类网络边界汇总。在图 4-9 所示的拓扑中，配置 EIGRP 协议，查看路由器 R1 和 R2 的路由表。

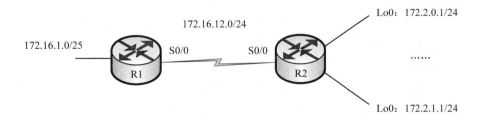

图 4-9　路由汇总

路由器 R1 配置如下：

R1#config terminal

R1(config)#interface Serial0/0

R1(config-if)#ip address 172.16.12.1 255.255.255.0

R1(config-if)#no shutdown

R1(config-if)#exit

R1(config)#interface loopback 0

R1(config-if)#ip address 172.16.1.1 255.255.255.128

R1(config-if)#exit

R1(config)#router eigrp 100

R1(config-router)#network 172.16.12.0 0.0.0.255

R1(config-router)#network 172.16.1.0 0.0.0.127

R1(config-router)#exit

R1(config)#exit

路由器 R2 配置如下：

R2#config terminal

R2(config)#interface S0/0

R2(config-if)#ip address 172.16.12.2 255.255.255.0

R2(config-if)#no shutdown

R2(config-if)#exit

R2(config)#interface loopback 0

R2(config-if)#ip address 172.2.0.1 255.255.255.0

R2(config-if)#exit

R2(config)#interface loopback 1

R2(config-if)#ip address 172.2.1.1 255.255.255.0

R2(config-if)#exit

R2(config)#router eigrp 100

R2(config-router)#network 0.0.0.0

R2(config-router)#exit

R2(config)#exit

查看路由器 R1 上的路由信息，结果如下：

R1#show ip route

D　　172.2.0.0/16 [90/20640000] via 172.16.12.2, 00:02:15, Serial0/0

　　　　172.16.0.0/16 is variably subnetted, 2 subnets, 2 masks

C　　　　172.16.1.0/25 is directly connected, Loopback0

C　　　　172.16.12.0/24 is directly connected, Serial0/0

可以看出，路由器 R1 上有 3 条路由信息，其中"D　　172.2.0.0/16 [90/20640000]　"是从 R2 上学到汇总路由，另外两条是直连路由。

查看路由器 R2 上的路由信息，结果如下：

R2#show ip route

　　　　172.2.0.0/16 is variably subnetted, 3 subnets, 2 masks

D　　　172.2.0.0/16 is a summary, 00:02:02, Null0　　　　　　　　//汇总路由

C　　　　172.2.0.0/24 is directly connected, Loopback0

C   172.2.1.0/24 is directly connected, Loopback1

　　　　172.16.0.0/16 is variably subnetted, 3 subnets, 3 masks

D   172.16.0.0/16 is a summary, 00:02:02, Null0　　　　　　　　//汇总路由

D   172.16.1.0/25 [90/20640000] via 172.16.12.1, 00:02:02, Serial0/0

C   172.16.12.0/24 is directly connected, Serial0/0

　　可以看出，路由器 R2 上有 6 条路由信息，其中三条直连路由，两条汇总路由，另外一条是路由器 R1 学习到的路由。

　　2）手工汇总

　　EIGRP 在不连续子网的情况下，自动汇总可能造成路由不可达的问题，解决办法是关闭自动汇总。

　　路由器 R2 上执行下列命令，把环回端口设为被动端口，并且关闭自动汇总：

　　R2(config)#router eigrp 100

　　R2(config-router)#passive-interface default

　　R2(config-router)#no passive-interface S0/0

　　R2(config-router)#no auto-summary

　　查看路由器 R2 的路由表，结果如下：

　　R2#show ip route

　　　　172.2.0.0/24 is subnetted, 2 subnets

C   172.2.0.0 is directly connected, Loopback0

C   172.2.1.0 is directly connected, Loopback1

　　　　172.16.0.0/16 is variably subnetted, 2 subnets, 2 masks

D   172.16.1.0/25 [90/20640000] via 172.16.12.1, 00:04:02, Serial0/0

C   172.16.12.0/24 is directly connected, Serial0/0

　　可以看出，路由器 R2 上只有一条 EIGRP 路由，自动汇总的路由条目消失，不再产生指向 Null 0 端口的汇总主类网络路由。

　　查看路由器 R1 的路由表，结果如下：

　　R1#show ip route

　　　　172.2.0.0/24 is subnetted, 2 subnets

D   172.2.0.0 [90/20640000] via 172.16.12.2, 00:00:05, Serial0/0

D   172.2.1.0 [90/20640000] via 172.16.12.2, 00:00:05, Serial0/0

　　　　172.16.0.0/16 is variably subnetted, 2 subnets, 2 masks

C   172.16.1.0/25 is directly connected, Loopback0

C   172.16.12.0/24 is directly connected, Serial0/0

　　可以看出，路由器 R1 上变成两条明细路由。但是过多的明细路由会占用路由器的内存空间，影响查找速度，还可能带来网络的不稳定性。

　　使用下面的命令，在路由器 R2 上进行手工汇总，添加如下指令：

　　R2(config)#router eigrp 100

R2(config-router)#no auto-summary　　　　　　　　　　　　　　　//关闭自动汇总

R2(config)#interface S0/0

R2(config-if)#ip summary-address eigrp 100 172.2.0.0 255.255.254.0　　//手工汇总

查看路由器 R2 的路由表，结果如下：

R2#show ip route

　　172.2.0.0/16 is variably subnetted, 3 subnets, 2 masks

D　　　　**172.2.0.0/23 is a summary, 00:00:14, Null0**

C　　　　　172.2.0.0/24 is directly connected, Loopback0

C　　　　　172.2.1.0/24 is directly connected, Loopback1

　　172.16.0.0/16 is variably subnetted, 2 subnets, 2 masks

D　　　　　172.16.1.0/25 [90/20640000] via 172.16.12.1, 00:00:13, Serial0/0

C　　　　　172.16.12.0/24 is directly connected, Serial0/0

查看路由器 R1 的路由表，结果如下：

R1#show ip route

　　172.2.0.0/23 is subnetted, 1 subnets

D　　　　**172.2.0.0 [90/20640000] via 172.16.12.2, 00:02:41, Serial0/0**

　　172.16.0.0/16 is variably subnetted, 2 subnets, 2 masks

C　　　　　172.16.1.0/25 is directly connected, Loopback0

C　　　　　172.16.12.0/24 is directly connected, Serial0/0

可以看出，路由器 R2 的手工汇总已经生效。EIGRP 的自动汇总或手工汇总会影响到无类(ip classless)路由行为，因为汇总路由会产生 Null 0 端口的路由，路由器根据最长匹配原则，如果有更具体的路由，路由器不会继续查找超网路由或默认路由，发往 Null 0 端口的数据包会被丢弃。

3) EIGRP 外部路由

接着上面的实验，在路由器 R1 上新增一个环回端口 Loopback 1，IP 地址是 1.1.1.1/24，指令如下：

R1(config)#interface loopback 1

R1(config-if)#ip address 1.1.1.1 255.255.255.0

然后在路由器 R2 上使用"show ip route"命令，结果如下：

R2#show ip route

　　172.2.0.0/16 is variably subnetted, 3 subnets, 2 masks

D　　　　　172.2.0.0/23 is a summary, 00:04:42, Null0

C　　　　　172.2.0.0/24 is directly connected, Loopback0

C　　　　　172.2.1.0/24 is directly connected, Loopback1

　　172.16.0.0/24 is subnetted, 1 subnets

C　　　　　172.16.12.0 is directly connected, Serial0/0

可以看出，跟之前的结果没有任何变化，这是因为路由器 R1 的 EIGRP 进程中并没有宣告环回接口 Loopback 1 所在的网络。可以使用路由重发布(Redistribute)，把 R1 上直连端口的路由重发布进 EIGRP，需增加如下代码：

R1(config)#router eigrp 100

R1(config-router)#**redistribute connected**   //重发布直连路由

查看路由器 R2 的路由表，结果如下：

R2#show ip route

    1.0.0.0/24 is subnetted, 1 subnets

D EX   1.1.1.0 [170/21792000] via 172.16.12.1, 00:00:03, Serial0/0

    172.2.0.0/16 is variably subnetted, 3 subnets, 2 masks

D   172.2.0.0/23 is a summary, 00:08:33, Null0

C   172.2.0.0/24 is directly connected, Loopback0

C   172.2.1.0/24 is directly connected, Loopback1

    172.16.0.0/24 is subnetted, 1 subnets

C   172.16.12.0 is directly connected, Serial0/0

可以看到多了一条"**D EX   1.1.1.0 [170/21792000] via 172.16.12.1, 00:00:03, Serial0/0**"的路由，"**D EX**"表示这条路由是 EIGRP 的外部路由，不是起源 EIGRP 内部，是通过重发布等方式进入 EIGRP 进程的。EIGRP 外部路由的默认管理距离是 170。并且路由器 R2 是立即更新路由表的，可以看出 EIGRP 的快速收敛特性，如果是 RIP，对网络的拓扑改变需要几分钟才能收敛。

EIGRP 还可以重发布静态路由或其他动态路由协议。假设 R1 是企业边界路由器，R1 上有一条默认路由指向 ISP 服务商，可以在 R1 上使用重发布，把默认路由重发布进 EIGRP，使得内部的 EIGRP 路由器可以学习到这条默认路由。路由器 R1 配置代码如下：

R1(config)#ip route 0.0.0.0 0.0.0.0 1.1.1.2   //R1 上添加静态路由

R1(config)#router eigrp 100

R1(config-router)#redistribute static   //重发布静态路由

查看路由器 R2 的路由表，结果如下：

R2#show ip route

    1.0.0.0/24 is subnetted, 1 subnets

D EX   1.1.1.0 [170/21792000] via 172.16.12.1, 00:10:53, Serial0/0

    172.2.0.0/16 is variably subnetted, 3 subnets, 2 masks

D   172.2.0.0/23 is a summary, 00:19:23, Null0

C   172.2.0.0/24 is directly connected, Loopback0

C   172.2.1.0/24 is directly connected, Loopback1

    172.16.0.0/24 is subnetted, 1 subnets

C   172.16.12.0 is directly connected, Serial0/0

D*EX 0.0.0.0/0 [170/21792000] via 172.16.12.1, 00:00:09, Serial0/0

可以看到"D*EX 0.0.0.0/0"的路由条目，就是 EIGRP 外部学到的默认路由。

实 验 报 告

实验名称＿＿＿＿＿＿＿＿＿＿＿＿＿＿＿＿＿＿＿＿＿＿

实验日期＿＿＿＿年＿＿＿＿月＿＿＿＿日
实验地点＿＿＿＿＿＿＿＿＿＿＿＿＿＿

一、实验目的

二、实验环境(或实验设备需求)

三、实验基本原理(或方案设计及理论计算)
　　(画出实验需要的拓扑结构图，详细标注每个连接点的端口号和终端的 IP 地址)

四、实验数据记录(或仿真及软件设计)

五、实验结果分析及回答问题(或测试环境及测试结果)

六、心得体会

教师签名:

第五章　综合实验

5.1　VLAN 间路由

交换机划分 VLAN 之后，VLAN 之间是不能相互访问的，要实现 VLAN 间的互访必须借助路由器或三层交换机。

5.1.1　基于路由器物理端口的 VLAN 间路由

1. 实验目的

- 熟悉 VLAN 间路由的概念；
- 掌握基于路由器端口的 VLAN 间路由配置方法。

2. 实验设备

- Cisco 路由器 1 台；
- Cisco 交换机 1 台；
- PC 2 台；
- RJ45 双绞线数根；
- Console 电缆 1 根。

3. 实验过程

如图 5-1 所示，交换机 SW0 划分了两个 VLAN，VLAN 1 的网络地址是 192.168.1.0/24。VLAN 2 的网络地址是 192.168.2.0/24，主机 PC1 属于 VLAN 1，主机 PC2 属于 VLAN 2。通过划分 VLAN，实现了 VLAN 1 和 VLAN 2 之间广播域的隔离，提高了网络的安全性。但是二层交换机无法提供不同 VLAN 之间的访问，需要借助三层以上的网络设备。

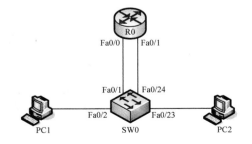

图 5-1　基于路由器物理端口的 VLAN 间路由

1) 主机配置

主机 PC1 配置如下：

　　IP 地址：192.168.1.1

　　子网掩码：255.255.255.0

　　网关：192.168.1.254

主机 PC2 配置如下：

　　IP 地址：192.168.2.1

　　子网掩码：255.255.255.0

　　网关：192.168.2.254

2) 交换机配置

交换机 SW0 配置如下：

```
SW0#delete flash:vlan.dat                        //删除 VLAN 信息
SW0#erase startup-config
SW0#reload
```

上面的指令确保交换机 SW0 处于初始状态，所有的端口都在 VLAN 1 上，故不用再设置端口 Fa0/1 和 Fa0/2，因为它们已经在同一个 VLAN 上。当然，也可以再增加新的 VLAN，把端口 Fa0/1 和 Fa0/2 划分到新的 VLAN 中。

```
SW0#vlan database
SW0(vlan)#vlan 2
SW0(vlan)#exit
SW0#config terminal
SW0(config)#interface Fa0/23                      //连接 PC2 的交换机端口
SW0(config-if)#switchport mode access
SW0(config-if)#switchport access vlan 2           //添加到 VLAN 2
SW0(config-if)#exit
SW0(config)#interface Fa0/24                      //连接到路由器的 Fa0/1 端口
SW0(config-if)#switchport mode access
SW0(config-if)#switchportaccess vlan 2            //添加到 VLAN 2
SW0(config-if)#exit
SW0(config)#exit
```

3) 路由器配置

路由器 R0 配置如下：

```
R0#config terminal
R0(config)#interface Fa0/0
R0(config-if)#ip address 192.168.1.254 255.255.255.0   //连接 VLAN 1 主机的网关
R0(config-if)#no shutdown
R0(config-if)#exit
R0(config)#interface Fa0/1
```

R0(config-if)#ip address 192.168.2.254 255.255.255.0　　　//连接 VLAN 2 主机的网关

R0(config-if)#no shutdown

R0(config-if)#exit

R0(config)#exit

4) 测试结果

在主机 PC2 上 ping 主机 PC1，测试网络的连通性，结果如下：

PC>ping 192.168.1.1

Pinging 192.168.1.1 with 32 bytes of data:

Reply from 192.168.1.1: bytes=32 time=125ms TTL=127

Reply from 192.168.1.1: bytes=32 time=125ms TTL=127

Reply from 192.168.1.1: bytes=32 time=98ms TTL=127

Reply from 192.168.1.1: bytes=32 time=125ms TTL=127

Ping statistics for 192.168.1.1:

　　Packets: Sent = 4, Received = 4, Lost = 0 (0% loss),

Approximate round trip times in milli-seconds:

　　Minimum = 98ms, Maximum = 125ms, Average = 118ms

可以看出，连接在不同 VLAN 中的主机，通过路由器物理端口可以实现相互访问。

5.1.2　单臂路由

如 5.1.1 节介绍的例子，可以看出，如果使用路由器的物理端口来连接不同的 VLAN，交换机上配置多少个 VLAN，路由器上就需要有多少个物理端口，此外还需要在交换机和路由器间连接多条线缆，并占用交换机上的多个端口，所以这种方式在实际应用中的成本较高，实现难度较大。现在常用的一种方式是使用路由器的一个物理端口连接多个不同的 VLAN，这种方式称为单臂路由。

1. 实验目的

● 掌握单臂路由概念；

● 掌握单臂路由配置方法。

2. 实验设备

● Cisco 路由器 1 台；

● Cisco 交换机 1 台；

● PC 2 台；

● RJ45 双绞线 3 根；

● Console 电缆 1 根。

3. 实验过程

如图 5-2 所示拓扑结构，交换机 SW0 连接两台 PC，并且将它们分配到不同的 VLAN 中，交换机 SW0 和路由器 R1 用一根 RJ45 五类双绞线连接。

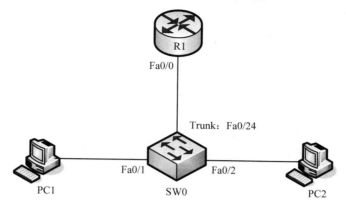

图 5-2　单臂路由

1) 主机配置

主机 PC1 配置如下：

　　IP 地址：192.168.1.1

　　子网掩码：255.255.255.0

　　网关：192.168.1.254

主机 PC2 配置如下：

　　IP 地址：192.168.2.1

　　子网掩码：255.255.255.0

　　网关：192.168.2.254

2) 交换机配置

主机 PC1 连接的端口 Fa0/1 在 VLAN 1 中，主机 PC2 连接的端口 Fa0/2 分配在 VLAN 2 中，与路由器连接的 Trunk 是 Fa0/24 上，SW0 配置如下：

```
SW0#vlan database
SW0(vlan)#vlan 2                          //新建 VLAN 2
SW0(vlan)#exit
SW0#config terminal
SW0(config)#interface Fa0/2               //连接 PC2 的交换机端口
SW0(config-if)#switchport mode access
SW0(config-if)#switchport access vlan 2   //添加到 VLAN 2
SW0(config-if)#exit
SW0(config)#interface Fa0/24
SW0(config-if)#switchport mode trunk      //连接路由器的端口必须配置成 Trunk 端口
SW0(config-if)#exit
SW0(config)#exit
```

3) 路由器配置

路由器 R1 配置如下:

```
R1#config terminal
R1(config)#interface Fa0/0
R1(config-if)#no shutdown
R1(config-if)#exit
R1(config)#interface Fa0/0.1
R1(config-subif)#encapsulation dot1Q 1 native
//以上定义该子端口承载哪个 VLAN 流量，交换机上的 Native 就是 VLAN 1
R1(config-subif)#ip address 192.168.1.254 255.255.255.0
//配置子端口的 IP 地址，这个 IP 地址就是 VLAN 1 的网关
R1(config-subif)#exit
R1(config)#interface Fa0/0.2
R1(config-subif)#encapsulation dot1Q 2
R1(config-subif)#ip address 192.168.2.254 255.255.255.0      //VLAN 2 的网关
R1(config-subif)#exit
R1(config-if)#exit
R1(config)#exit
```

4) 查看路由器状态

```
R1#show running-config
（省略）
interface FastEthernet0/0
    no ip address
    duplex auto
    speed auto
!
interface FastEthernet0/0.1
    encapsulation dot1Q 1 native
    ip address 192.168.1.254 255.255.255.0
!
interface FastEthernet0/0.2
    encapsulation dot1Q 2
    ip address 192.168.2.254 255.255.255.0
!
（省略）
```

5) 测试结果

在主机 PC1 上 ping 主机 PC2，测试网络的连通性，结果如下:

```
PC>ping 192.168.2.1
```

Pinging 192.168.2.1 with 32 bytes of data:

Reply from 192.168.2.1: bytes=32 time=125ms TTL=127
Reply from 192.168.2.1: bytes=32 time=125ms TTL=127
Reply from 192.168.2.1: bytes=32 time=125ms TTL=127
Reply from 192.168.2.1: bytes=32 time=109ms TTL=127

Ping statistics for 192.168.2.1:
　　　Packets: Sent = 4, Received = 4, Lost = 0 (0% loss),
Approximate round trip times in milli-seconds:
　　　Minimum = 109ms, Maximum = 125ms, Average = 121ms

由此可见，不同 VLAN 之间通过路由器子端口进行数据转发，实现了单臂路由。这种结构，路由器和交换机之间只需要连接一根 RJ45 双绞线，既节省了线缆的使用，还可以实现多个 VLAN 之间的通信。

5.1.3　基于三层交换机的 VLAN 间路由

基于三层交换交换机的 VLAN 路由就是通过取消端口的交换属性，让三层交换机的端口具有路由端口的功能来实现 VLAN 间的路由。

1. 实验目的
● 熟悉三层交换机路由原理；
● 掌握三层交换机的 VLAN 间路由。

2. 实验设备
● Cisco 三层交换机 1 台；
● PC 2 台；
● RJ45 双绞线 2 根；
● Console 电缆 1 根。

3. 实验过程
如图 5-3 所示，交换机 SW0 为三层交换机 Cisco3550 或 Cisco3560，PC 1 和 PC 2 分别在 VLAN 1 和 VLAN 2 中，配置其 VLAN 间路由。

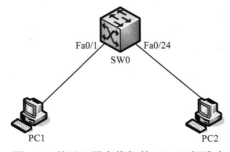

图 5-3　基于三层交换机的 VLAN 间路由

1) 主机配置

主机 PC1 配置如下：

    IP 地址：192.168.1.1

    子网掩码：255.255.255.0

    网关：192.168.1.254

主机 PC2 配置如下：

    IP 地址：192.168.2.1

    子网掩码：255.255.255.0

    网关：192.168.2.254

2) 交换机配置

交换机 SW0 配置如下：

```
SW0#configure terminal
SW0(config)#interface Fa0/24
SW0(config-if)#switchport mode access
SW0(config-if)#switchport access vlan 2
SW0(config-if)#exit
SW0(config)#interface vlan 1
SW0(config-if)#ip address 192.168.1.254 255.255.255.0    //此 IP 地址就是 VLAN 1 的网关
SW0(config-if)#no shutdown
SW0(config-if)#exit
SW0(config)#interface vlan 2
SW0(config-if)#ip address 192.168.2.254 255.255.255.0    //VLAN 2 的网关
SW0(config-if)#no shutdown
SW0(config-if)#exit
SW0(config)#exit
```

3) 查看交换机状态

查看交换机 SW0 的运行状态，结果如下：

```
SW0#show running-config
（省略）
interface FastEthernet0/24                          //端口 24 在 VLAN 2 中
    switchport access vlan 2
    switchport mode access
interface Vlan1
    ip address 192.168.1.254 255.255.255.0          //VLAN 1 的网关
!
interface Vlan2
    ip address 192.168.2.254 255.255.255.0          //VLAN 2 的网关
    !
```

(省略)

测试 PC1 和 PC2 的连通性，结果和前面单臂路由的例子一样。

5.1.4　路由器和三层交换机在实现 VLAN 间路由上的差异

基于路由器物理端口的 VLAN 间路由如图 5-4 所示。不管是基于物理端口还是基于子端口的 VLAN 间路由，不同 VLAN 间的通信都要流经路由器，数据包经过路由器的延时一般比经过交换机的延时要大，这是因为路由器比交换机的处理过程要复杂，解封装—查询路由表—再封装。

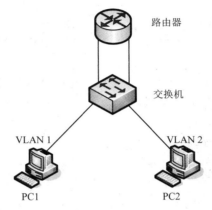

图 5-4　基于路由器的 VLAN 间路由

另一个问题是带宽瓶颈问题。如图 5-4 所示，VLAN 1 去往 VLAN 2 的数据包都要流经路由器，如果两个 VLAN 中有多台主机同时通信，交换机和路由器之间的链路将成为瓶颈。每台计算机都可以 100 Mb/s 到交换机，但是多台 VLAN 1 中的计算机只能共享 100 Mb/s 链路到 VLAN 2 的计算机中。

我们再来看基于三层交换机的 VLAN 间路由，如图 5-5 所示，三层交换机就相当于一台交换机和一台路由器的组合，具有交换机的所有功能，但同时它又具有路由模块，具有路由器的所有功能。

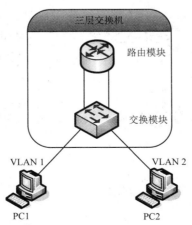

图 5-5　基于三层交换机的 VLAN 间路由

　　我们可以把三层交换机看作路由模块和交换模块的组合，PC1 发往 PC2 的数据，经由三层交换机的路由模块处理第一个数据包以后，后面发送的数据包不必再经过路由模块，直接给交换模块转发。因此，三层交换机对不同 VLAN 之间数据包的处理过程是"一次路由，多次交换"，即第一个数据包需要路由，后续的数据包直接交换，这样数据包的转发延迟被大大降低。VLAN 1 发往 VLAN 2 的数据包被交换机的背板转发，由于交换机的背板带宽远远超过路由器端口的链路带宽，不同 VLAN 间数据包的转发不存在链路带宽瓶颈。因而，实际网络中，大多使用三层或多层交换机来实现部门之间的路由，而不是使用路由器来实现部门之间的路由。

5.2　DHCP 配 置

5.2.1　本地 DHCP 配置

1. 实验目的

- 熟悉本地 DHCP 工作原理；
- 掌握本地 DHCP 配置方法。

2. 实验设备

- Cisco 路由器 2 台；
- Cisco 交换机 1 台；
- PC 3 台；
- RJ45 连接线缆数根；
- Console 电缆 1 根。

3. 实验过程

　　如图 5-6 所示，路由器 R1 用作 DHCP 服务器，负责给本地主机 PC0 和 PC1 动态分配 IP 地址，PC2 为远程主机，配置了静态 IP 地址。

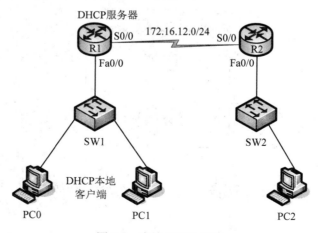

图 5-6　本地 DHCP 配置

1）主机配置

主机 PC0 和 PC1 配置为自动获取 IP 地址和 DNS 服务器地址，如图 5-7 所示。

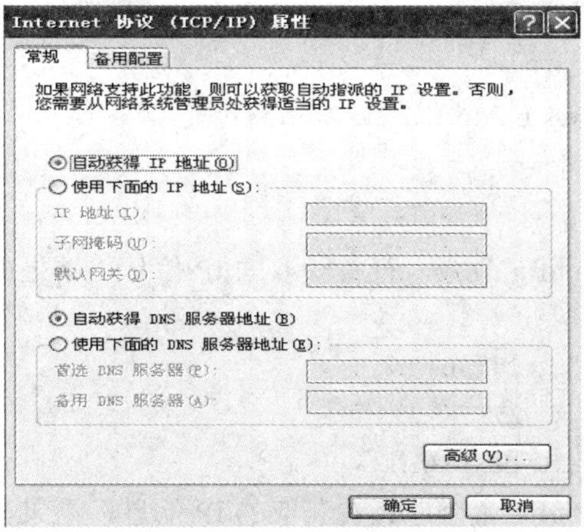

图 5-7　DHCP 客户端配置

主机 PC2 配置如下：

　　IP 地址：192.168.2.2；

　　子网掩码：255.255.255.0；

　　网关：192.168.2.1。

2）路由器配置

路由器 R1 配置如下：

　　R1#configure terminal

　　R1(config)#interface Fa0/0

　　R1(config-if)#ip address 192.168.1.1 255.255.255.0

　　R1(config-if)#no shutdown

　　R1(config-if)#exit

　　R1(config)#interface S0/0

　　R1(config-if)#ip address 172.16.12.1 255.255.255.0

　　R1(config-if)#no shutdown

　　R1(config-if)#exit

　　R1(config)#ip dhcp pool R1　　　　　　　　　　　//DHCP 服务器地址池名称 R1

　　R1(dhcp-config)#network 192.168.1.0 255.255.255.0　　//可分配的网段 192.168.1.0

　　R1(dhcp-config)#default-router 192.168.1.1　　　　//可分配网关地址

　　R1(dhcp-config)#dns-server 192.168.1.1　　　　　//DNS 服务器地址

　　R1(dhcp-config)#exit

　　R1(config)#exit

路由器 R2 配置如下：

　　R2#configure terminal

　　R2(config)#interface Fa0/0

```
R2(config-if)#ip address 192.168.2.1 255.255.255.0
R2(config-if)#no shutdown
R2(config-if)#exit
R2(config)#interface S0/0
R2(config-if)#ip address 172.16.12.2 255.255.255.0
R2(config-if)#no shutdown
```

3) 测试结果

主机 PC0 上执行 ipconfig 命令，查看获取的 IP 信息，结果如下：

```
PC>ipconfig
IPAddress........................: 192.168.1.2
Subnet Mask....................: 255.255.255.0
Default Gateway.............: 192.168.1.1
```

主机 PC1 上执行 ipconfig 命令，查看获取的 IP 信息，结果如下：

```
PC>ipconfig
IPAddress........................: 192.168.1.3
Subnet Mask....................: 255.255.255.0
Default Gateway.............: 192.168.1.1
```

结果显示，主机 PC0 获取的 IP 地址是 192.168.1.2，主机 PC1 获取的 IP 地址是 192.168.1.3，默认网关和 DNS 服务器的地址都是 192.168.1.1,说明路由器 R1 已经成功为本地主机动态分配了 IP 地址。

路由器 R1 上查看已分配的 IP 地址，结果如下：

```
R1#show ip dhcp binding
```

IP address	Client-ID/ Hardware address	Lease expiration	Type
192.168.1.2	00D0.D328.CDCC	--	Automatic
192.168.1.3	0001.4232.82D8	--	Automatic

结果显示,路由器 R1 已经分配了两个 IP 地址,对应的 MAC 地址就是主机 PC0 和 PC1 的 MAC 地址。

在主机 PC0 上 ping 主机 PC1，测试 PC0 和 PC1 的连通性，结果如下：

```
PC>ping 192.168.1.3

Pinging 192.168.1.3 with 32 bytes of data:

Reply from 192.168.1.3: bytes=32 time=62ms TTL=128
Reply from 192.168.1.3: bytes=32 time=63ms TTL=128
Reply from 192.168.1.3: bytes=32 time=47ms TTL=128
Reply from 192.168.1.3: bytes=32 time=62ms TTL=128

Ping statistics for 192.168.1.3:
```

Packets: Sent = 4, Received = 4, Lost = 0 (0% loss),

Approximate round trip times in milli-seconds:

Minimum = 47ms, Maximum = 63ms, Average = 58ms

在主机 PC0 上 ping 主机 PC2，测试 PC0 和 PC2 的连通性，结果如下：

PC>ping 192.168.2.2

Pinging 192.168.2.2 with 32 bytes of data:

Reply from 192.168.2.2: Destination host unreachable.

Reply from 192.168.2.2: Destination host unreachable.

Reply from 192.168.2.2: Destination host unreachable.

Reply from 192.168.2.2: Destination host unreachable.

Ping statistics for 192.168.2.2:

Packets: Sent = 4, Received = 0, Lost = 4 (100% loss)

结果显示，目标主机 PC2 不可达，因为路由器 R1 和 R2 之间没有设置路由，分别添加路由表，指令如下：

R1(config)#ip route 0.0.0.0 0.0.0.0 172.16.12.2 　　　　　//默认路由

或 R1(config)#ip route 0.0.0.0 0.0.0.0 S0/0 　　　　　//带送出端口的默认路由

R2(config)#ip route 0.0.0.0 0.0.0.0 172.16.12.1

或 R2(config)#ip route 0.0.0.0 0.0.0.0 S0/0

再次测试主机 PC0 和 PC2 的连通性，结果如下：

PC>ping 192.168.2.2

Pinging 192.168.2.2 with 32 bytes of data:

Reply from 192.168.2.2: bytes=32 time=94ms TTL=254

Reply from 192.168.2.2: bytes=32 time=94ms TTL=254

Reply from 192.168.2.2: bytes=32 time=93ms TTL=254

Reply from 192.168.2.2: bytes=32 time=94ms TTL=254

Ping statistics for 192.168.2.2:

Packets: Sent = 4, Received = 4, Lost = 0 (0% loss),

Approximate round trip times in milli-seconds:

Minimum = 93ms, Maximum = 94ms, Average = 93ms

综上所述，主机 PC0 和 PC1 通过 DHCP 服务自动获取了 IP 地址，PC2 设置了静态 IP 地址，在路由器 R1 和 R2 上添加了路由表之后，三台 PC 可以相互访问。

5.2.2　DHCP 中继代理

在一些复杂的层次型网络中，企业的服务器经常集中放在服务器区，DHCP 客户端和

DHCP 服务器不在同一个网段，DHCP 客户端的广播包被三层设备阻止，无法到达 DHCP 服务器，DHCP 客户端获取地址失败。这个问题可以通过配置 DHCP 中继来解决，就是与 DHCP 客户端连接的三层设备充当 DHCP 中继，代为转发 DHCP 请求。

接着上面的例子，路由器 R1 仍然是 DHCP 服务器，路由器 R2 是 DHCP 中继代理，主机 PC2 也通过 DHCP 获取 IP 地址，如图 5-8 所示。

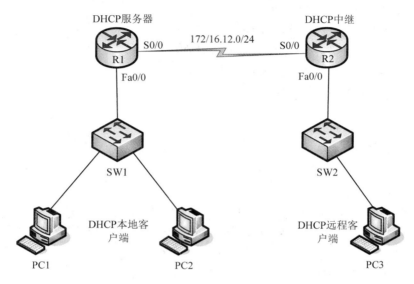

图 5-8　DHCP 中继代理

1) 路由器配置

路由器 R1 还需要添加配置代码，如下：

　　R1(config)#ip dhcp pool Pool1　　　　　　　　　　　　　//R1 上增加一个地址池 Pool1

　　R1(dhcp-config)#network 192.168.2.0 255.255.255.0

　　R1(dhcp-config)#default-router 192.168.2.1　　　　　　　//在 R1 上配置 PC2 的网关

路由器 R2 还需要添加配置代码，如下：

　　R2(config)#interface Fa0/0

　　R2(config-if)#ip helper-address 172.16.12.1

不管 DHCP 客户端和 DHCP 服务器之间经过多少台设备，只需配置离 DHCP 客户端最近的那个以太网端口即可。收到的 DHCP 广播包以单播的方式转发到服务器 172.16.12.1。将主机 PC2 的 IP 地址设置更改为自动获取，可以看到 PC2 自动获取的 IP 地址是 192.168.2.2。

2) 查看路由器

路由器 R1 上查看已分配的 IP 地址：

　　R1#show ip dhcp binding

IP address	Client-ID/ Hardware address	Lease expiration	Type
192.168.1.2	00D0.D328.CDCC	--	Automatic

| 192.168.1.3 | 0001.4232.82D8 | -- | Automatic |
| 192.168.2.2 | 0001.6399.EC47 | -- | Automatic |

可见主机 PC0 和 PC1 通过本地 DHCP 分配获取了 IP 地址，PC2 通过 DHCP 中继服务也获取了 IP 地址。

路由器 R2 上查看中继代理的端口状态，结果如下：

```
R2#show ip interface Fa0/0
Fa0/0 is up, line protocol is up (connected)
    Internet address is 192.168.2.1/24
    Broadcast address is 255.255.255.255
    Address determined by setup command
    MTU is 1500
    Helper address is 172.16.12.1                    //获取中继服务的服务器地址
(省略)
```

3) 测试结果

在主机 PC0 上 ping 主机 PC2，测试网络的连通性，结果如下：

```
PC>ping 192.168.2.2

Pinging 192.168.2.2 with 32 bytes of data:

Reply from 192.168.2.2: bytes=32 time=143ms TTL=126
Reply from 192.168.2.2: bytes=32 time=125ms TTL=126
Reply from 192.168.2.2: bytes=32 time=125ms TTL=126
Reply from 192.168.2.2: bytes=32 time=125ms TTL=126

Ping statistics for 192.168.2.2:
    Packets: Sent = 4, Received = 4, Lost = 0 (0% loss),
Approximate round trip times in milli-seconds:
    Minimum = 125ms, Maximum = 143ms, Average = 129ms
```

客户端还可以在"命令提示符"下，执行"C:/>ipconfig/release"指令释放获取的 IP 地址，然后执行"C:/>ipconfig/renew"指令重新获取 IP 地址。执行"C:/>ipconfig/all"可以看到 IP 地址，WINS 及 DNS 等信息是否正确。

5.3　NAT 配　置

5.3.1　NAT 概述

网络地址翻译(Network Address Translation，NAT)是一个 IETE 标准，允许一个机构以一个地址出现在 Internet 上。NAT 技术使得一个私有网络可以通过 Internet 注册 IP 连接到外部世界，位于内部网络和外部网络中的 NAT 路由器在发送数据包之前，将内部网络的 IP 地址转换成一个合法 IP 地址。NAT 技术可以应用到防火墙技术里，把个别 IP 隐藏起来不被外界发现，对内部网络设备起到保护的作用，同时，还帮助网络可以超越地址的限制，合理地安排网络中的公有 Internet 地址和私有地址的使用。

　　一个有 NAT 能力的设备大多部署在存根网络的边缘，在图 5-9 中，路由器 R2 是边界路由器，主机 PC0、PC1 和 PC2 相互访问时，使用本来的私有 IP 地址，访问外网时，所有的数据包被转发给路由器 R2，路由器 R2 执行 NAT 操作，把内部的私有地址转换成外部的、可以路由的公共 IP 地址转发出去。

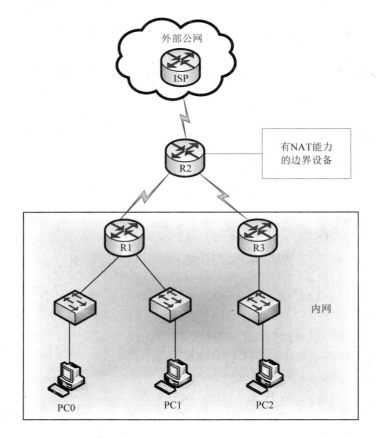

图 5-9　NAT 转换

1. NAT 术语

　　(1) 内部本地地址：分配给内部网络中主机的 IP 地址。内部本地地址可能不是由网络信息中心(Network Information Center，NIC)或服务提供商分配的地址。

　　(2) 内部全局地址：由 NIC 或服务提供商分配的合法 IP 地址，它对外代表一个或多个内部本地 IP 地址。

　　(3) 外部本地地址：外部主机显示给内部网络的 IP 地址。外部本地地址不一定是合法地址，它是从可路由地址空间分配到内部网络的地址。

　　(4) 外部全局地址：主机所有者分配给外部网络上的主机 IP 地址。外部全局地址从全局可路由地址或网络空间中分配。

2. NAT 主要优点

(1) NAT 节省了公共 IP 地址，NAT 允许对内部网络实行私有编址，从而维护合法注册的共有编址方案，并节省 IP 地址。

(2) NAT 增强了与公有网络连接的灵活性，可以使用多地址池、备份地址池、负载地址池，确保可靠的公网连接。

(3) NAT 为内部网络编址方案提供了一致性。

(4) NAT 提供了网安全性。由于私有网络在实施 NAT 时不会通告其他地址或内部拓扑，因此有效确保内部网络的安全。

3. NAT 主要缺点

(1) 参与 NAT 的设备性能降低，使用 NAT 的路由器需要转换每一个数据包中的 IP 地址，增加交换延迟。

(2) 端到端功能减弱，因为 NAT 会更改端到端地址，因此会阻止一些使用 IP 寻址的应用程序。

(3) 经过多个 NAT 地址转换后，数据包地址已经改变很多次，因此跟踪数据包将更加困难，排除故障也更具有挑战性。

(4) 使用 NAT 也会使隧道协议(如 IPsec)更加复杂，因为 NAT 会修改数据包头部中的值，从而干扰 IPsec 和其他隧道协议执行的完整性。

4. NAT 分类

NAT 主要分为静态 NAT、动态 NAT 和 NAT 过载三种。

(1) 静态 NAT：在静态 NAT 中，内部网络中的每个主机都被永久映射成外部网络中的某个合法地址。静态地址转换将内部本地地址与内部全局地址进行一对一的转换。如果内部网络有 Email 服务器或 FTP 服务器等可为外部用户提供的服务，这些服务器的 IP 地址必须采用静态地址转换，以便外部用户可以访问这些服务。

(2) 动态 NAT：动态 NAT 首先要定义合法地址池，然后采用动态分配的方法映射到内部网络，动态 NAT 是动态一对一的映射。

(3) NAT 过载：NAT 过载是把内部地址映射到外部网络 IP 地址的不同端口上，从而可以实现多对一的映射。NAT 过载对于节省 IP 地址是最为有效的。

5.3.2 配置静态 NAT

静态地址转换将内部本地地址与内部合法地址进行一对一转换，且需要指定和哪个合法地址进行转换。

1. 静态 NAT 配置

如图 5-10 所示，主机 PC0 和 PC1 是内部局域网，PC2 充当外网，其中路由器 R1 的 Fa0/0 端口作为 PC0 和 PC1 的网关，路由器 R1 需要配置成 NAT 设备。

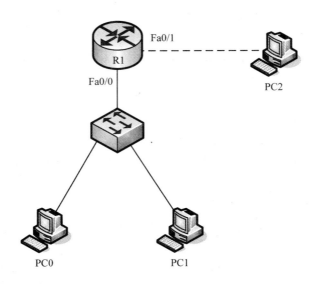

图 5-10　NAT 静态地址转换

1) 主机配置

主机 PC0 配置如下：

　　　IP 地址：192.168.1.1

　　　子网掩码：255.255.255.0

　　　网关：192.168.1.254

主机 PC2 配置如下：

　　　IP 地址：172.16.8.2

　　　子网掩码：255.255.255.0

　　　网关：172.16.8.1

2) 配置路由器

路由器 R1 配置如下：

　　R1#config terminal

　　R1(config)#interface Fa0/0

　　R1(config-if)#ip address 192.168.1.254 255.255.255.0

　　R1(config-if)#no shutdown

　　R1(config-if)#ip nat inside　　　　　　　　　　　　　//NAT 对内端口

　　R1(config-if)#exit

　　R1(config)#interface Fa0/1

　　R1(config-if)#ip address 172.16.8.1 255.255.255.0

　　R1(config-if)#no shutdown

　　R1(config-if)#ip nat outside　　　　　　　　　　　　//NAT 对外端口

　　R1(config-if)#exit

　　R1(config)#ip nat inside source static 192.168.1.1 172.16.8.10　　//配置 PC0 的转换条目

R1(config)#ip nat inside source static 192.168.1.2 172.16.8.11　　//配置 PC1 的转换条目
R1(config)#exit

3）查看路由器状态

查看路由器 R1 的运行状态，结果如下：

R1#show running-config
（省略）
interface FastEthernet0/0
　　ip address 192.168.1.254 255.255.255.0
　　ip nat inside　　　　　//内部端口
　　duplex auto
　　speed auto
!
interface FastEthernet0/1
　　ip address 172.16.8.1 255.255.255.0
　　ip nat outside　　　　　//外部端口
　　duplex auto
　　speed auto
!
ip nat inside source static 192.168.1.1 172.16.8.10 //静态 NAT 表
ip nat inside source static 192.168.1.2 172.16.8.11
ip classless
!
（省略）

在路由器 R1 上使用 show ip nat transltions 命令查询 NAT 转换条目，结果如下：

R1#show ip nat translations

Pro Inside global	Inside local	Outside local	Outside global
--- 172.16.8.10	192.168.1.1	---	---
--- 172.16.8.11	192.168.1.2	---	---

输出表明了内部全局地址和内部本地地址的对应关系。

4）测试结果

在主机 PC0 上 ping 主机 PC2，测试网络的连通性，结果如下：

PC>ping 172.16.8.2

Pinging 172.16.8.2 with 32 bytes of data:

Reply from 172.16.8.2: bytes=32 time=93ms TTL=127
Reply from 172.16.8.2: bytes=32 time=94ms TTL=127
Reply from 172.16.8.2: bytes=32 time=93ms TTL=127

Reply from 172.16.8.2: bytes=32 time=94ms TTL=127

Ping statistics for 172.16.8.2:

　　　Packets: Sent = 4, Received = 4, Lost = 0 (0% loss),

Approximate round trip times in milli-seconds:

　　　Minimum = 93ms, Maximum = 94ms, Average = 93ms

2. NAT 通信过程

NAT 通信过程主要有以下几个步骤：

(1) 主机 PC0 发现要访问另一个网络的地址，PC0 把数据包发送给网关 R1。

(2) 路由器 R1 从 NAT 的 inside 端口收到一个数据包，R1 得知该数据包的目标地址是 172.16.8.2，R1 查询路由表，发现数据包要从 Fa0/0 端口发送出去，该数据包满足 NAT 的执行条件，内部端口进来的包，要从外部端口发出去。R1 查找 NAT 地址转换表，发现有一个条目可以满足路由器 R1 修改数据包的包头，于是把数据包中的源 IP 地址 192.168.1.1 更改成 172.16.8.10。随后 R1 重新封装数据包，把数据链路层的源 MAC 地址更改成 Fa0/0 端口的 MAC 地址，把目标 MAC 地址更改成 PC2 的 MAC 地址，然后把数据发送出去。

(3) PC2 接收到 ping 报文后，查看得知是来自 172.16.8.10 的报文，PC2 进行应答，在数据包中封装的目的 IP 地址是 172.16.8.10，在数据帧中封装的目的 MAC 地址是路由器 R1 上 Fa0/0 端口的 MAC 地址，PC2 计算机把报文发送出去。

(4) R1 从 NAT 的外部端口收到一个数据报文，得知是发往本路由器的，且目的 IP 地址是 172.16.8.10，R1 查询 NAT 地址表，发现有一个静态的转换条目，R1 更改数据包中的目的 IP 地址，并重新封装后，把数据包发给 PC0。

查看路由器 R1 的端口状态，结果如下：

R1#show interfaces Fa0/1

FastEthernet0/1 is up, line protocol is up (connected)

　　　Hardware is Lance, address is **0001.42a8.c402** (bia 0001.42a8.c402)

(省略)

在主机 PC2 上执行 arp 命令，结果如下：

PC>arp -a

Internet Address	Physical Address	Type
172.16.8.1	**0001.42a8.c402**	dynamic
172.16.8.10	**0001.42a8.c402**	dynamic

可以看出 MAC 地址是同一个地址且，且都是路由器 R1 的 Fa0/1 端口的 MAC 地址，说明 NAT 对外隐藏了内部地址。

5.3.3　配置动态 NAT

1. 动态地址转换

动态地址转换也是将内部本地地址与内部合法地址进行一对一的转换，但是动态地址转换是从内部合法地址池中动态地选择一个没有使用的合法地址对内部本地地址进行转换。

接着上面的例子，路由器 R1 需要增加的代码，如下：

R1(config)#no ip nat insid source static 192.168.1.1 172.16.8.10　　　　//删除静态 NAT 配置

R1(config)#no ip nat insid source static 192.168.1.2 172.16.8.11

R1(config)#ip nat pool pool1 172.16.8.10 172.16.8.20 netmask 255.255.255.0　//配置地址池

R1(config)#access-list 1 permit 192.168.1.0 0.0.0.255//配置允许被转换的地址列表

R1(config)#ip nat inside source list 1 pool pool1　　//把允许被转换的地址列表和地址池对应起来

2. 动态 NAT 和静态 NAT 比较

动态 NAT 和静态 NAT 相比，特点如下：

(1) 动态 NAT 允许内网有超过地址池中 IP 地址数量的用户被转换，但同时被转换出去的用户数不能超过地址池中的 IP 地址的数量。静态 NAT 有多少个 IP 地址，就只能配置多少个转换。

(2) 动态 NAT 中刚开始没有 NAT 转换条目的，只有内网用户访问外网时，才会动态创建转换条目，静态 NAT 中的条目是一直存在的。

(3) 在动态 NAT 中，外网不确定连接哪一个公网地址才能访问到内网主机，因为转换是动态的，静态 NAT 中转换条目是固定的。

在主机 PC0 和 PC1 上分别执行 ping 命令访问主机 PC2 之后，执行 show ip nat translations 命令，结果如下：

R1#show ip nat translations

Pro	Inside global	Inside local	Outside local	Outside global
icmp	172.16.8.10:5	192.168.1.1:5	172.16.8.2:5	172.16.8.2:5
icmp	172.16.8.10:6	192.168.1.1:6	172.16.8.2:6	172.16.8.2:6
icmp	172.16.8.10:7	192.168.1.1:7	172.16.8.2:7	172.16.8.2:7
icmp	172.16.8.10:8	192.168.1.1:8	172.16.8.2:8	172.16.8.2:8
icmp	172.16.8.11:1	192.168.1.2:1	172.16.8.2:1	172.16.8.2:1
icmp	172.16.8.11:2	192.168.1.2:2	172.16.8.2:2	172.16.8.2:2
icmp	172.16.8.11:3	192.168.1.2:3	172.16.8.2:3	172.16.8.2:3
icmp	172.16.8.11:4	192.168.1.2:4	172.16.8.2:4	172.16.8.2:4

可见，PC0 执行 ping 命令时触发了地址转换功能，192.168.1.1 被转换成了 172.16.8.10，192.168.1.2 被转换成了 172.16.8.11，因为是执行 ping 命令，还触发了一个 ICMP 的转换。另外，IP 地址转换条目的默认超时时间是 24 小时。

在路由器 R1 上使用 show ip nat statistics 命令查看 NAT 转换的统计信息，结果如下：

R1#show ip nat statistics

Total translations: 8 (0 static, 8 dynamic, 8 extended)

//处于活动转换的条目总数，0 条静态，8 条动态(包含 8 条扩展)

Outside Interfaces: FastEthernet0/1　　　　　//NAT 外部端口 Fa0/1

Inside Interfaces: FastEthernet0/0　　　　　//NAT 内部端口 Fa0/0

Hits: 7　Misses: 8　　　　　　　　　//共计转换 7 个数据包，没有数据包失败

Expired translations: 0

Dynamic mappings:

-- Inside Source

access-list 1 pool pool1 refCount 8

　　pool pool1: netmask 255.255.255.0

　　　　start 172.16.8.10 end 172.16.8.20　　　　　　//动态转换地址池的起始地址和终止地址

　　　　type generic, total addresses 11 , allocated 2 (18%), misses 0

在主机 PC2 上执行 arp 命令，结果如下：

PC>arp -a

Internet Address	Physical Address	Type
172.16.8.1	0001.42a8.c402	dynamic
172.16.8.10	0001.42a8.c402	dynamic
172.16.8.11	0001.42a8.c402	dynamic

可以看出，NAT 是动态转换条目。

5.3.4　配置 NAT 超载

1. 什么是 NAT 超载

NAT 超载也称复用动态地址转换。动态 NAT 允许多个内部本地地址共用一个内部合法地址，这样可以申请到少量的 IP 地址，但却经常同时有多于合法地址个数的用户访问外部网络的情况，现实中经常用 NAT 超载来解决这个问题。NAT 超载(Port Address Translation，PAT)的工作原理是：当多个用户同时使用一个 IP 地址时，路由器利用上层的 TCP 或 UDP 端口号等唯一标识某台计算机。

2. NAT 超载配置

如图 5-11 所示拓扑结构，路由器 R1 是企业的边界路由器，通过 DHCP 获取电信接入 IP 地址。

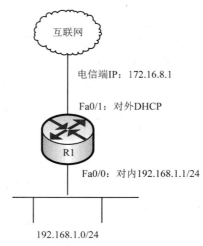

图 5-11　NAT 超载

路由器 R1 配置如下：

R1#config terminal

R1(config)#interface Fa0/1

R1(config-if)#ip address dhcp   //对外端口 DHCP 获取

R1(config-if)#ip nat outside

R1(config-if)#no shutdown

R1(config-if)#exit

R1(config)#interface Fa0/0

R1(config-if)#ip nat inside

R1(config-if)#exit

R1(config)#access-list 1 permit 192.168.1.0 0.0.0.255

R1(config)#ip nat inside source list 1 interface Fa0/1 overload

//不用创建地址池，直接借用 Fa0/0 的 IP 地址，Fa0/0 获取什么地址就使用什么地址

R1(config)#ip route 0.0.0.0 0.0.0.0 172.16.8.1

R1(config)#exit

实际应用中电信宽带接入的方式有静态接入和动态接入两种。静态接入就是提供固定的 IP 地址，方便被接入单位对外网提供服务，但是价格相对昂贵。动态接入不提供固定的 IP 地址，被接入单位通过 DHCP 获取地址，假设路由器 R1 是企业内部边界路由器，而路由器 R2 作为互联网服务提供商，拓扑结构如图 5-12 所示。

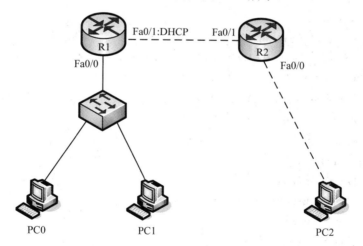

图 5-12 电信动态宽带接入

1）主机配置

主机 PC0 配置如下：

    IP 地址：192.168.1.2

    子网掩码：255.255.255.0

    网关：192.168.1.1

主机 PC1 配置如下：

　　　　IP 地址：192.168.1.3

　　　　子网掩码：255.255.255.0

　　　　网关：192.168.1.1

主机 PC2 配置如下：

　　　　IP 地址：192.168.2.2

　　　　子网掩码：255.255.255.0

　　　　网关：192.168.2.1

2) 路由器配置

路由器 R1 配置如下：

　　R1#config terminal

　　R1(config)#interface Fa0/1

　　R1(config-if)#ip address dhcp　　　　　　　　　　　//Fa0/1 端口 IP 地址动态获取

　　R1(config-if)#ip nat outside

　　R1(config-if)#no shutdown

　　R1(config-if)#exit

　　R1(config)#interface Fa0/0

　　R1(config-if)#ip address 192.168.1.1 255.255.255.0

　　R1(config-if)#no shutdown

　　R1(config-if)#ip nat inside

　　R1(config-if)#exit

　　R1(config)#access-list 1 permit 192.168.1.0 0.0.0.255

　　R1(config)#ip nat inside source list 1 interface Fa0/1 overload

　　//直接借用 Fa0/1 的 IP 地址，Fa0/1 获取什么地址就用什么地址

　　R1(config)#ip route 0.0.0.0 0.0.0.0 172.16.8.1　　　　//带下一跳的默认路由

　　R1(config)#exit

路由器 R2 配置如下：

　　R2#config terminal

　　R2(config)#interface Fa0/0

　　R2(config-if)#ip address 192.168.2.1 255.255.255.0

　　R2(config-if)#no shutdown

　　R2(config)#interface Fa0/1

　　R2(config-if)#ip address 172.16.8.1 255.255.255.0

　　R2(config-if)#no shutdown

　　R2(config-if)#exit

　　R2(config)#ip dhcp pool Pool1

　　R2(dhcp-config)#network 172.16.8.0 255.255.255.0

　　R2(dhcp-config)#default-router 172.16.8.1

　　R2(dhcp-config)#exit

　　R2(config)#ip route 0.0.0.0 0.0.0.0 Fa0/1　　　　　　//带送出端口的默认路由

R2(config)#exit

3) 查看路由器

查看路由器 R1 的配置，结果如下：

R1#show running-config

(省略)

interface FastEthernet0/0

    ip address 192.168.1.1 255.255.255.0

    ip nat inside　　　　　　　　　　　　　　//内部端口

    duplex auto

    speed auto

!

interface FastEthernet0/1

    ip address dhcp　　　　　　　//与路由器 R2 连接的外部端口是 DHCP 动态获取端口的

    ip nat outside

    duplex auto

    speed auto

!

ip nat inside source list 1 interface FastEthernet0/1 overload

ip classless

!

access-list 1 permit 192.168.1.0 0.0.0.255

(省略)

查看路由器 R2 的配置，结果如下：

R2#show running-config

(省略)

interface FastEthernet0/0

    ip address 192.168.2.1 255.255.255.0

    duplex auto

    speed auto

!

interface FastEthernet0/1

    ip address 172.16.8.1 255.255.255.0

    duplex auto

    speed auto

!

ip classless

ip route 0.0.0.0 0.0.0.0 FastEthernet0/1

ip dhcp pool Pool1　　　　　　　　　　　　//动态分配地址池

network 172.16.8.0 255.255.255.0

default-router 172.16.8.1

（省略）

使用 show ip nat translation 命令来查看路由器的 NAT 表，结果如下：

R1#show ip nat translations

Pro	Inside global	Inside local	Outside local	Outside global
icmp	172.16.8.2:41	192.168.1.2:41	192.168.2.2:41	192.168.2.2:41
icmp	172.16.8.2:42	192.168.1.2:42	192.168.2.2:42	192.168.2.2:42
icmp	172.16.8.2:43	192.168.1.2:43	192.168.2.2:43	192.168.2.2:43
icmp	172.16.8.2:44	192.168.1.2:44	192.168.2.2:44	192.168.2.2:44
icmp	172.16.8.2:25	192.168.1.3:25	192.168.2.2:25	192.168.2.2:25
icmp	172.16.8.2:26	192.168.1.3:26	192.168.2.2:26	192.168.2.2:26
icmp	172.16.8.2:27	192.168.1.3:27	192.168.2.2:27	192.168.2.2:27
icmp	172.16.8.2:28	192.168.1.3:28	192.168.2.2:28	192.168.2.2:28

可以看出，主机 PC0 和 PC1 对外的访问地址都是 172.16.8.2，172.16.8.2 是路由器 R1 的端口 Fa0/1 动态获取的 IP 地址。

查看路由器 R1 端口状态，结果如下：

R1#show interfaces Fa0/1

FastEthernet0/1 is up, line protocol is up (connected)

    Hardware is Lance, address is 0001.4294.5c02 (bia 0001.4294.5c02)

    Internet address is 172.16.8.2/24   //Fa0/1 的 IP 地址

    MTU 1500 bytes, BW 100000 Kbit, DLY 100 usec,

      reliability 255/255, txload 1/255, rxload 1/255

    Encapsulation ARPA, loopback not set

（省略）

4) 测试结果

在主机 PC0 上 ping 主机 PC2，测试网络的连通性，结果如下：

PC>ping 192.168.2.2

Pinging 192.168.2.2 with 32 bytes of data:

Reply from 192.168.2.2: bytes=32 time=125ms TTL=126

Reply from 192.168.2.2: bytes=32 time=125ms TTL=126

Reply from 192.168.2.2: bytes=32 time=125ms TTL=126

Reply from 192.168.2.2: bytes=32 time=98ms TTL=126

Ping statistics for 192.168.2.2:

    Packets: Sent = 4, Received = 4, Lost = 0 (0% loss),

Approximate round trip times in milli-seconds:

    Minimum = 98ms, Maximum = 125ms, Average = 118ms

实 验 报 告

实验名称＿＿＿＿＿＿＿＿＿＿＿＿＿＿＿＿＿＿＿＿＿＿＿＿

实验日期＿＿＿＿年＿＿＿＿月＿＿＿＿日
实验地点＿＿＿＿＿＿＿＿＿＿＿＿＿＿

一、实验目的

二、实验环境(或实验设备需求)

三、实验基本原理(或方案设计及理论计算)
  (画出实验需要的拓扑结构图，详细标注每个连接点的端口号和终端的 IP 地址)

四、实验数据记录(或仿真及软件设计)

五、实验结果分析及回答问题(或测试环境及测试结果)

六、心得体会

教师签名:

第二部分

H3C 网络设备配置

第六章　配置 H3C 交换机

6.1　H3C 设备简述

经过近十多年的发展，H3C 公司的各类产品已经非常完备，并且已经在国内外拥有了广大的用户和市场占有率。从本章开始介绍 H3C 交换机和路由器的配置，H3C 公司的所有产品运行自主知识产权的 Comware 软件，目前最新版是 Comware V7，但是大多数 H3C 以太网交换机系列仍是采用前一主流系列版本 V5，对外提供统一的操作命令接口，最大化的简化产品的配置。为了避免内容上的重复性，我们在第六章和第七章的内容上做了大幅的精简，尽量避免复述相同的理论知识，主要篇幅集中在实际应用中怎样配置 H3C 交换机和路由器。

> **注：** 第二部分内容以 H3C 公司的 E126B、E528 交换机和 MSR830 路由器为基础展开，所有的运行命令都是在这几种型号的设备上测试完成的。

6.1.1　H3C 设备的连接

连接 H3C 公司的 E126B、E528 交换机、MSR830 路由器等设备和连接 Cisco 公司的互联网设备具有相同的方法，即可以用物理的 Console 电缆连接，也可以通过 Telnet 远程登录、通过浏览器访问或者通过网管软件访问，但设备的第一次访问，必须通过 Console 电缆连接，同时用 Console 电缆连接也是最常用最直接有效的一种访问互联网设备的方法。本章实验主要是介绍如何通过 Console 端口运行超级终端仿真软件来对 H3C 公司的路由器和交换机进行访问，并且提供了一些基本的配置方法。

1. 交换机的外观

以 H3C 公司的 E126 型号交换机为例，前面板如图 6-1 所示，可以看出前面板总共有 24 个 100 M 的以太网口、2 个 1000 M 以太网口和 2 个光纤接口，最右端的端口是 Console 端口。

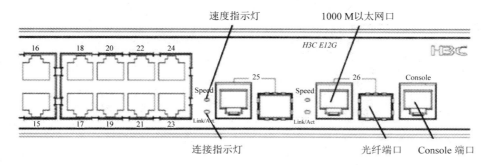

图 6-1　H3C E126 交换机前面板

2. 连接交换机

如图 6-2 所示，用 Console 电缆连接 PC 的 COM 端口和交换机的 Console 端口，PC 端打开超级终端软件，超级终端软件参数设置如图 6-3 所示。

图 6-2　Console 电缆连接 PC 和交换机

图 6-3　COM 端口参数设置

打开交换机电源，E126B 交换机启动清单如下：

```
Starting......


*****************************************************************
*                                                               *
*         H3C E126B BOOTROM, Version 109                        *
*                                                               *
*****************************************************************
```

Copyright (c) 2004-2011 Hangzhou H3C Technologies Co., Ltd.

Creation Date　　 : Apr 12 2011,11:13:54
CPU Clock Speed : 200MHz
Memory Size　　　: 128MB
Flash Size　　　　: 16MB
CPLD Version　　 : NULL
PCB Version　　　: Ver.A
Mac Address　　　: 5866BABFE1E8

Press Ctrl-B to enter Extended Boot menu...0
Starting to get the main application
file--flash:/S3100V2_E-CMW520-R5103P01.bin!...
The main application file is self-decompressing..Done!
System is starting...
User interface aux0 is available.

Please press ENTER.
　<H3C>　　　　　　　　　　　　　　　　　　　　　　　//进入交换机用户视图

6.1.2　H3C 命令行视图和基本命令格式

　　H3C Comvare 的命令行视图采用了如图 6-4 的分层结构，用户使用这些命令行视图也是分层进行的。

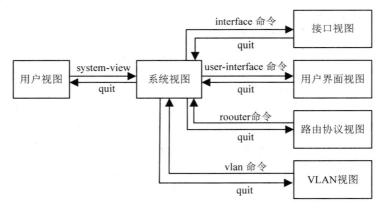

图 6-4　H3C 设备的命令视图

1. 用户视图

　　(1) 用户登录设备后直接进入的是用户视图。此屏幕的显示符是：<H3C>，如图 6-4 所示。用户视图下可以执行的命令主要包括查看操作、调试操作、文件管理操作、设置系统时间、重启设备、FTP 和 Telnet 等基本管理类操作。

（2）从用户视图可以进入系统视图，在用户视图输入 system-view 指令，即可进入系统视图，此时屏幕的提示符是：[H3C]。系统视图下可以对设备运行参数以及部分功能进行配置。比如配置夏令时、配置快捷键、服务器功能的启用等。

（3）在系统视图下输入特定命令，可以进入相应的功能视图，完成相应功能的配置。如进入接口配置接口参数、进入 VLAN 视图给 VLAN 添加端口，创建本地用户并进入本地用户视图，以配置本地用户的属性等。

（4）命令行接口提供两种在线帮助：完全帮助、部分帮助。用户通过在线帮助能够获取到设备配置过程中所需的相关帮助信息。

2. 完全帮助

（1）在任一视图下，键入"?"，此时用户终端屏幕上会显示该视图下所有的命令及其简单描述。

<H3C><cr>表示该位置无参数，直接键入回车即可执行。

User view commands:

boot	Set boot option
cd	Change current directory
clock	Specify the system clock
cluster	Run cluster command
copy	Copy from one file to another
debugging	Enable system debugging functions
delete	Delete a file
dir	List files on a file system
display	Display current system information

（2）键入一命令，后接以空格分隔的"?"，如果该位置为关键字，此时用户终端屏幕上会列出全部关键字及其简单描述。

<H3C> clock ?

datetime　　Specify the time and date

summer-time Configure summer time

timezone　　Configure time zone

（3）键入一命令，后接以空格分隔的问号，如果该位置为参数，此时用户终端屏幕上会列出有关的参数描述。

[H3C] interface vlan-interface ?

<1-4094>　　VLAN interface number

[H3C] interface vlan-interface 1 ?

<cr>　　　　　　　　　　　　// <cr>表示该位置无参数，直接键入回车即可执行

3. 部分帮助

（1）键入一字符串，其后紧接"?"，此时用户终端屏幕上会列出以该字符串开头的所有命令。

<H3C> p?

```
ping
pwd
```

(2) 键入一命令，后接一字符串紧接"?"，此时用户终端屏幕上会列出命令以该字符串开头的所有关键字。

```
<H3C> display v?
version
vlan
```

(3) 键入命令的某个关键字的前几个字母，按下 Tab 键，如果以输入字母开头的关键字唯一，用户终端屏幕上会显示出完整的关键字；如果与输入字母匹配的关键字不唯一，反复按下 Tab 键，则终端屏幕依次显示字母匹配的关键字。

以上帮助信息，均可通过执行 language-mode 命令切换为中文显示。

6.2　VLAN 配 置

虚拟局域网(Virtual LAN，VLAN)是在可包含多个物理网段的相同广播域中的一组联网设备。VLAN 技术是交换技术的重要组成部分，也是交换机的重要进步之一。本章内容所涉及的指令都在 H3C 公司的 E126B 和 E508 两种型号的交换机上测试完成。

6.2.1　单台交换机 VLAN 划分

本章内容的 VLAN 划分依然是基于端口的 VLAN 划分。基于端口的 VLAN 划分是目前 VLAN 应用中最主要划分方式，它是把二层以太网端口静态分配到对应的 VLAN 中，实现二层端口与 VLAN 的静态绑定关系。也就是对于同一个端口来说，如果不改变配置，则无论连接的是哪一个设备，这些设备都将被划分或者加入到相同的 VLAN 中。

1. 实验目的
- 熟悉交换机基本配置方法；
- 熟悉交换机端口属性；
- 熟悉 VLAN 基本概念；
- 掌握 VLAN 划分和配置命令。

2. 实验设备
- E126B 交换机 1 台；
- PC 4 台；
- RJ45 双绞线 4 根；
- Console 电缆 1 根。

3. 实验过程
如图 6-5 所示拓扑结构，在交换机上新建 VLAN 2 和 VLAN 3，主机 PC1 和 PC2 划分到 VLAN 2 中，连接交换机的 Ethernet1/0/1 和 Ethernet1/0/2 端口，主机 PC3 和 PC4 划分到 VLAN 3 中，连接交换机的 Ethernet1/0/23 和 Ethernet1/0/24 端口。

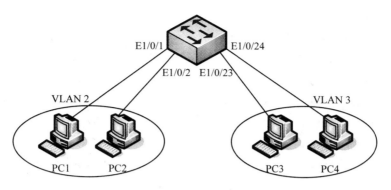

图 6-5　VLAN 划分

1) 主机配置

主机 PC1 配置如下：

　　IP 地址：192.168.0.1

　　子网掩码：255.255.255.0

主机 PC2 配置如下：

　　IP 地址：192.168.0.2

　　子网掩码：255.255.255.0

主机 PC3 配置如下：

　　IP 地址：192.168.1.1

　　子网掩码：255.255.255.0

主机 PC4 配置如下：

　　IP 地址：192.168.1.2

　　子网掩码：255.255.255.0

2) 创建 VLAN

以 H3C 公司的 E126B 交换机为例，配置交换机 VLAN，首先清除交换机原有的配置信息，再查看交换机的 VLAN 信息：

　　　　<H3C>System-view

　　　　[H3C]undo vlan all　　　　　　　　　　　　　　　　//删除已有的 VLAN 信息

使用 display vlan all 命令查看交换机的 VLAN 信息，结果如下：

　　　　[H3C]display vlan all

　　　　　　VLAN ID: 1

　　　　　　VLAN Type: static

　　　　　　Route Interface: not configured

　　　　　　Description: VLAN 0001

　　　　　　Name: VLAN 0001　　　　　　　　　　　　　//默认的 VLAN 名字是 VLAN0001

　　　　　　Tagged　　Ports: none

　　　　　　Untagged Ports:

Ethernet1/0/1	Ethernet1/0/2	Ethernet1/0/3
Ethernet1/0/4	Ethernet1/0/5	Ethernet1/0/6
Ethernet1/0/7	Ethernet1/0/8	Ethernet1/0/9
Ethernet1/0/10	Ethernet1/0/11	Ethernet1/0/12
Ethernet1/0/13	Ethernet1/0/14	Ethernet1/0/15
Ethernet1/0/16	Ethernet1/0/17	Ethernet1/0/18
Ethernet1/0/19	Ethernet1/0/20	Ethernet1/0/21
Ethernet1/0/22	Ethernet1/0/23	Ethernet1/0/24
GigabitEthernet1/0/25	GigabitEthernet1/0/26	

可以看出，清除所有的 VLAN 配置信息之后，所有端口都在 VLAN 0001 中，下面我们来创建新的 VLAN：

```
<H3C> system-view
System View: return to User View with Ctrl+Z.
[H3C]vlan 2                                          //创建 VLAN2
[H3C-vlan2]name v2                                   //指定 VLAN2 的名称为 v2
[H3C-vlan2]description home                          //指定 VLAN2 的描述字符串为 home。
[H3C-vlan2]port Ethernet1/0/1 Ethernet1/0/2          //将 Ethernet1/0/1、Ethernet1/0/2 放到 VLAN 2 中
[H3C-vlan2]quit                                      //退出 VLAN2
[H3C]vlan 3                                          //创建 VLAN3
[H3C-vlan3]port Ethernet1/0/23 Ethernet1/0/24
[H3C-vlan3]quit
```

查看 VLAN 信息，结果如下：

```
[H3C]display vlan all
    VLAN ID: 1
    VLAN Type: static
    Route Interface: not configured
    Description: VLAN 0001
    Name: VLAN 0001
    Tagged     Ports: none
    Untagged Ports:
```

Ethernet1/0/3	Ethernet1/0/4	Ethernet1/0/5
Ethernet1/0/6	Ethernet1/0/7	Ethernet1/0/8
Ethernet1/0/9	Ethernet1/0/10	Ethernet1/0/11
Ethernet1/0/12	Ethernet1/0/13	Ethernet1/0/14
Ethernet1/0/15	Ethernet1/0/16	Ethernet1/0/17
Ethernet1/0/18	Ethernet1/0/19	Ethernet1/0/20
Ethernet1/0/21	Ethernet1/0/22	

GigabitEthernet1/0/25　　　　GigabitEthernet1/0/26

VLAN ID: 2

VLAN Type: static

Route Interface: not configured

Description: home　　　　　　　　　　　　　　//VLAN 2 的描述是 home

Name: v2　　　　　　　　　　　　　　　　//给 VLAN2 起的名字是 v2

Tagged　　Ports: none

Untagged Ports:

　　Ethernet1/0/1　　　　　　Ethernet1/0/2　　　　//VLAN 2 中有两个端口

VLAN ID: 3

VLAN Type: static

Route Interface: not configured

Description: VLAN 0003

Name: VLAN 0003

Tagged　　Ports: none

Untagged Ports:

　　Ethernet1/0/23　　　　　　Ethernet1/0/24

> **注**：还可以用另外一种方式将端口添加到 VLAN 中，但是不能将端口添加到不存在的 VLAN 中去，因为 VLAN 1 是永远存在的，故不能删除 VLAN 1。

　　[H3C]interface Ethernet1/0/6

　　[H3C-Ethernet1/0/6]port access vlan 2　　　　　　//端口 Ethernet 加进 vlan 2 中

　　[H3C-Ethernet1/0/6]quit

删除 VLAN 3 用 undo vlan 3 命令，3 标识序号，就是删除第 3 个 VLAN 的意思。

　　[H3C]undo vlan 3　　　　　　　　　　　//删除 VLAN 3

> **注**：用指令"undo vlan 序号"可以删除已添加的 VLAN(不能删除 VLAN 1)，删除某一 VLAN 后，被删除的 VLAN 中包含的端口自动恢复到 VLAN 1 中。

3) 测试结果

主机 PC1 上 ping 主机 PC2，测试网络连通性，结果如下：

　　PC>ping 192.168.0.2

　　Pinging 192.168.0.2 with 32 bytes of data:

Reply from 192.168.0.2: bytes=32 time=125ms TTL=127

Reply from 192.168.0.2: bytes=32 time=125ms TTL=127

Reply from 192.168.0.2: bytes=32 time=98ms TTL=127

Reply from 192.168.0.2: bytes=32 time=125ms TTL=127

Ping statistics for 192.168.0.2:

　　Packets: Sent = 4, Received = 4, Lost = 0 (0% loss),

Approximate round trip times in milli-seconds:

　　Minimum = 98ms, Maximum = 125ms, Average = 118ms

结果表明,主机 PC1 和 PC2 在一个 VLAN 中,所以可以连通,同样的方法,可以测试 PC3 和 PC4 的连通性。PC1 和 PC3 是否可以连通?

6.2.2　跨交换机的 VLAN 划分

1. 实验目的

- 熟悉跨交换机 VLAN 的特点;
- 掌握跨交换机的 VLAN 划分;
- 掌握 Trunk 端口配置方法。

2. 实验设备

- H3C 交换机 2 台;
- PC 4 台;
- Trunk 电缆 1 根;
- RJ45 双绞线数根;
- Console 电缆 1 根。

3. 实验过程

如图 6-6 所示的拓扑结构,交换机 SW1 和交换机 SW2 通过 Trunk 电缆连接,分别在交换机 SW1 和 SW2 上创建 3 个新的 VLAN,交换机 SW1 和 SW2 通过 Trunk 电缆可以相互交换 VLAN 信息,实现跨交换机的 VLAN 间通信。

1) 主机配置

主机 PC1 配置如下:

　　IP 地址:192.168.1.1

　　子网掩码:255.255.255.0

主机 PC5 配置如下:

　　IP 地址:192.168.1.5

　　子网掩码:255.255.255.0

主机 PC2 配置如下:

　　IP 地址:192.168.2.1

　　子网掩码:255.255.255.0

主机 PC6 配置如下：
　　IP 地址：192.168.2.5
　　子网掩码：255.255.255.0

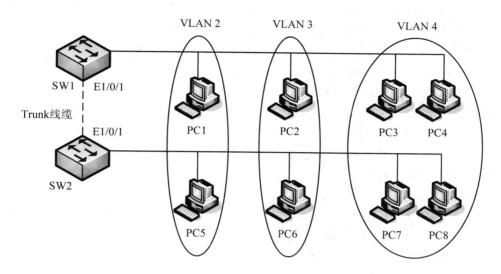

图 6-6　跨交换机的 VLAN 划分

2) 配置 VLAN

交换机 SW1 的配置代码如下：

[H3C]sysname SW1	
[SW1]vlan 2	//创建 VLAN2
[SW1-vlan2]portEthernet1/0/2	//将端口 2 添加到 VLAN2 中
[SW1]vlan 3	//创建 VLAN3
[SW1-vlan3]portEthernet1/0/3	//将端口 3 添加到 VLAN3 中
[SW1]vlan 4	//创建 VLAN4，可随意添加端口

交换机 SW2 的配置代码如下：

[H3C]sysname SW2	
[SW2]vlan 2	//创建 VLAN2
[SW2-vlan2]portEthernet1/0/2	//将端口 2 添加到 VLAN2 中
[SW2]vlan 3	//创建 VLAN3
[SW2-vlan3]portEthernet1/0/3	//将端口 3 添加到 VLAN3 中
[SW2]vlan 4	//创建 VLAN4，可随意添加端口

3) 配置交换机的 Trunk 端口

多个交换机之间通过 Trunk 线缆传送 VLAN 信息，跨交换机的同一 VLAN 间的数据也经过 Trunk 线路传送，将端口 Ethernet1/0/1 配置成 Trunk 端口，并允许 VLAN 2、VLAN 3 和 VLAN 4 通过。

交换机 SW1 添加如下代码:

　　[SW1]interface Ethernet1/0/1

　　[SW1-Ethernet1/0/1]port link-type trunk

　　[SW1-Ethernet1/0/1]port trunk permit vlan 2 3 4　　　　//Trunk 端口允许 Vlan 2,3,4 的信息通过

　　[SW1-Ethernet1/0/1]quit

交换机 SW2 添加如下代码:

　　[SW2] interface Ethernet1/0/1

　　[SW2-Ethernet1/0/1]port link-type trunk

　　[SW2-Ethernet1/0/1]port trunk permit vlan all　　　　//Trunk 端口允许所有的 VLAN 信息通过

　　[SW2-Ethernet1/0/1]quit

查看交换机 SW1 的 VLAN 信息,结果如下:

[SW1]display vlan all

　　VLAN ID: 1

　　VLAN Type: static

　　Route Interface: not configured

　　Description: VLAN 0001

　　Name: VLAN 0001

　　Tagged　　Ports: none

　　Untagged Ports:

Ethernet1/0/1	Ethernet1/0/4	Ethernet1/0/5
Ethernet1/0/6	Ethernet1/0/7	Ethernet1/0/8
Ethernet1/0/9	Ethernet1/0/10	Ethernet1/0/11
Ethernet1/0/12	Ethernet1/0/13	Ethernet1/0/14
Ethernet1/0/15	Ethernet1/0/16	Ethernet1/0/17
Ethernet1/0/18	Ethernet1/0/19	Ethernet1/0/20
Ethernet1/0/21	Ethernet1/0/22	Ethernet1/0/23
Ethernet1/0/24		
GigabitEthernet1/0/25	GigabitEthernet1/0/26	

　　VLAN ID: 2

　　VLAN Type: static

　　Route Interface: not configured

　　Description: VLAN 0002

　　Name: VLAN 0002

　　Name: VLAN 0002

　　Tagged　　Ports:　　　　　　　　　　　　//Tagged Ports 表示 Trunk 端口

　　　　Ethernet1/0/1

　　Untagged Ports:　　　　　　　　　　　　//VLAN 2 添加了端口 Ethernet1/0/2

Ethernet1/0/2

VLAN ID: 3

VLAN Type: static

Route Interface: not configured

Description: VLAN 0003

Name: VLAN 0003

Tagged   Ports:

　　Ethernet1/0/1

Untagged Ports:

　　Ethernet1/0/3

VLAN ID: 4

VLAN Type: static

Route Interface: not configured

Description: VLAN 0004

Name: VLAN 0004

Tagged   Ports:

　　Ethernet1/0/1

Untagged Ports: none

查看交换机 SW2 的 VLAN 信息，和交换机 SW1 的 VLAN 信息对比一下。

4) 测试结果

在主机 PC1 上 ping 主机 PC5，测试网络连通性，结果如下：

PC>ping 192.168.1.5

Pinging 192.168.1.5 with 32 bytes of data:

Reply from 192.168.1.5: bytes=32 time=125ms TTL=127

Reply from 192.168.1.5: bytes=32 time=125ms TTL=127

Reply from 192.168.1.5: bytes=32 time=98ms TTL=127

Reply from 192.168.1.5: bytes=32 time=125ms TTL=127

Ping statistics for 192.168.1.5:

　　Packets: Sent=4, Received=4, Lost=0 (0% loss),

Approximate round trip times in milli-seconds:

　　Minimum=98ms, Maximum=125ms, Average=118ms

结果表明，主机 PC1 和 PC5 虽然连接在不同的交换机上，但是因为连接的端口同在一个 VLAN(即 VLAN 2)中，所以可以相互访问。

同样的方式，测试 PC2 和 PC6 是否连通？测试 PC1 和 PC6 是否连通？

6.3　交换机远程登录

远程登录使用 Telnet 命令，使自己的计算机暂时成为远程网络设备的一个仿真终端。对于二层交换机来说，所有的端口都是二层端口，不能配置 IP 地址。大多数三层交换机，在默认情况下端口仍然是二层的，也不能配置 IP 地址，但可以通过命令，把二层的交换端口转换成三层的路由端口，就可以配置 IP 地址了。二层交换机虽然不能路由，但本身可以被配置一个 IP 地址，用来实现对交换机的远程管理。

1. 实验目的

- 熟悉交换机远程登录概念；
- 掌握交换机远程登录过程。

2. 实验设备

- H3C 路由器 1 台；
- H3C 交换机 1 台；
- PC 1 台；
- RJ45 连接线缆数根；
- Console 电缆 1 根。

3. 实验过程

如图 6-7 所示的拓扑结构，交换机 SW1 为远程交换机，主机 PC0 通过路由器 R1 远程登录到交换机 SW1 上。

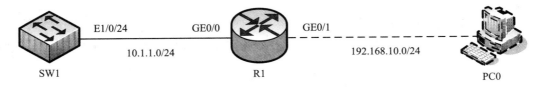

图 6-7　交换机远程登录

1) 主机配置

主机 PC0 配置如下：

IP 地址：192.168.10.2

子网掩码：255.255.255.0

网关：192.168.10.1

2) 路由器配置

路由器 R1 端口需要配置 IP 地址，代码如下：

[R1]interface GE0/0

[R1-GigabitEthernet0/0]port link-mode route

[R1-GigabitEthernet0/0]ip address 10.1.1.2 255.255.255.0

[R1-GigabitEthernet0/0]undo shutdown

[R1-GigabitEthernet0/0]quit

[R1]interface GE0/1

[R1-GigabitEthernet0/1]port link-mode route

[R1-GigabitEthernet0/1]ip address 192.168.10.1 255.255.255.0

[R1-GigabitEthernet0/1]undo shutdown

[R1-GigabitEthernet0/1]quit

路由器配置主要在下一章讲解，这里只配置端口 IP 地址就可以。

3）交换机配置

主机 PC 远程登录交换机需要身份认证，故交换机需要配置用户名和密码等信息，具体指令如下：

[SW1]interface vlan 1

[SW1-Vlan-interface1]ip address 10.1.1.1 255.255.255.0

[SW1-Vlan-interface1]undo shutdown

[SW1-Vlan-interface1]quit

[SW1]local-user admin　　　　　　　　//登录用户名为 admin

[SW1-luser-admin]password simple admin　　//登录密码为 admin

[SW1-luser-admin]service-type telnet

[SW1-luser-admin]authorization-attribute level 3

[SW1-luser-admin]quit

[SW1]user-interface vty 0 4　　　　　　//允许 5 个用户同时登录

[SW1-ui-vty0-4]authentication-mode scheme

[SW1-ui-vty0-4]user privilege level 3

[SW1-ui-vty0-4]quit

4）配置结果

查询交换机 SW1 运行状态，结果如下：

[SW1]display current-configuration

（省略）

#

local-user admin　　　　　　　　　//登录用户名和密码等信息

password simple admin

authorization-attribute level 3

service-type telnet

#

interface Vlan-interface1

```
    ip address 10.1.1.1 255.255.255.0
#
user-interface aux 0
user-interface vty 0 4
    authentication-mode scheme
    user privilege level 3                          //用户权限是 level 3
user-interface vty 5 15
#
```

(省略)

　　主机 PC0 在命令行模式下输入"telnet 10.1.1.1"，就可以远程登录交换机，正确输入用户名和密码之后，登录界面如图 6-8 所示：

图 6-8　远程登录交换机

　　因为远程登录的用户权限是 level 3，PC0 远程登录后，可以进入交换机的系统视图，执行交换机的所有命令，可以对交换机进行远程访问和配置。

　　交换机 SW1 上执行 ARP 指令，可以看到登录的用户信息，结果如下：

[SW1]display arp all

　　　　　Type: S-Static　　　D-Dynamic

IP Address	MAC Address	VLAN ID	Interface	Aging	Type
10.1.1.2	3c97-0ea6-5c80	1	Eth1/0/24	7	D

　　由此可见，远程登录交换机的设备的 IP 地址是 10.1.1.2，连接的是交换机 SW1 的 E1/0/24 端口。

实 验 报 告

实验名称＿＿＿＿＿＿＿＿＿＿＿＿＿＿＿＿＿＿＿＿＿＿＿＿＿

实验日期＿＿＿＿年＿＿＿＿月＿＿＿＿日

实验地点＿＿＿＿＿＿＿＿＿＿＿＿＿＿＿＿

一、实验目的

二、实验环境(或实验设备需求)

三、实验基本原理(或方案设计及理论计算)
　　(画出实验需要的拓扑结构图，详细标注每个连接点的端口号和终端的 IP 地址)

四、实验数据记录(或仿真及软件设计)

五、实验结果分析及回答问题(或测试环境及测试结果)

六、心得体会

教师签名:

第七章 H3C 路由器配置

7.1 H3C 路由器概述

本章主要介绍 H3C 路由器的基本配置和路由协议，以 MSR830 路由器为例，其前面板如图 7-1 所示，路由器 MSR830 前面板有 GE0—GE4 和 CONSOLE 端口，其中 GE0 和 GE1 是广域网端口，GE2、GE3 和 GE4 可以在广域网端口和局域网端口之间转换，Console 端口用来和 PC 连接。

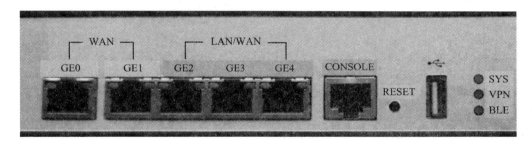

图 7-1 MSR830 的前面板

连接 H3C 设备的方法参考第六章 6.1.1 节，与交换机的连接方法一样。连接好硬件设备之后，打开路由器电源，设备通过开机自检之后，进入命令行接口(Command-Line Interface，CLI)，也称为命令行界面。

MSR830 路由器的开机启动过程，开机界面如下：

System is starting...

Press Ctrl+D to access BASIC-BOOTWARE MENU

Booting Normal Extended BootWare

Do you want to check SDRAM? [Y/N]

```
*******************************************************************
*                                                                 *
*             H3C MSR830 BootWare, Version 1.50                   *
*                                                                 *
*******************************************************************
```

Copyright (c) 2004-2017 New H3C Technologies Co., Ltd.

```
Compiled Date        : Mar 20 2017
CPU ID               : 0xa
CPU L1 Cache         : 32KB
CPU L2 Cache         : 256KB
Memory Type          : DDR3 SDRAM
Memory Size          : 1024MB
Flash Size           : 256MB
PCB Version          : 2.0


BootWare Validating...
Press Ctrl+B to access EXTENDED-BOOTWARE MENU...
Loading the main image files...
Loading file flash:/msr830ei-cmw710-system-r0605p13.bin.............................................Done.
(省略)
<H3C>                                                    //进入路由器用户视图
```

7.1.1　直连路由

　　路由器端口直接连接子网的路由方式称为直连路由，以 MSR830 路由器为例，设置路由器两个以太网端口(GE0、GE1)的 IP 地址和子网掩码，通过路由器将两个 LAN 互连，两个 LAN 之间互相能 ping 通，表示连接成功，并查看和解释路由信息表的相关内容。

　　1. 实验目的
- 熟悉直连路由和网关的概念；
- 掌握路由器配置基本命令和使用方法；
- 掌握路由器端口属性及配置方法。

　　2. 实验设备
- H3C 路由器 1 台；
- H3C 交换机 2 台；
- PC 2 台；
- RJ45 双绞线数根；
- Console 电缆 1 根。

　　3. 实验过程

　　如图 7-2 所示拓扑结构，通过路由器 R0 连接两个子网，配置路由器两个端口 GE0 和 GE1 的 IP 地址，端口 GE0 和 GE1 端口 IP 地址就是其连接的子网网关。

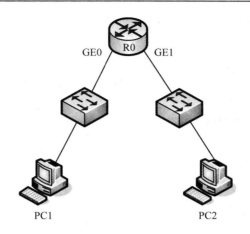

图 7-2 直连路由

1) 主机配置

主机 PC1 配置如下：

　　IP 地址：192.168.10.1

　　子网掩码：255.255.255.0

　　网关：192.168.10.254

主机 PC2 配置如下：

　　IP 地址：192.168.20.1

　　子网掩码：255.255.255.0

　　网关：192.168.20.254

2) 路由器配置

路由器 R0 配置如下：

　　[H3C]sysname R0　　　　　　　　　　　　　　　//路由器名字改为 R0

　　[R0]interface GE0/0　　　　　　　　　　　　　　//配置端口 GE0 的参数

注：端口 GE0，在指令里的全称是 GigabitEthernet 0/0，可以简写为 GE0/0，本章后续内容中用到的路由器端口配置，都用简写 GE0/0。

　　[R0-GigabitEthernet0/0] port link-mode route

　　MSR830 路由器的 GE0 和 GE1 本来就是路由端口，指令 port link-mode route 不是必须的，若连接 GE2、GE3 和 GE4 三个端口，就必须执行这条指令

　　[R0-GigabitEthernet0/0] ip address 192.268.10.254 255.255.255.0　　//配置路由器端口的 IP 地址

　　或者 [R1-GigabitEthernet0/0]ip address 192.268.10.254 24　　//表示 24 位的子网掩码

　　[R0-GigabitEthernet0/0]undoshutdown　　　　　　　　　//激活端口

　　[R0-GigabitEthernet0/0]quit

　　[R0] interface GE0/1　　　　　　　　　　　　　　//配置端口 GE1 的参数

　　[R0-GigabitEthernet0/1]port link-mode route

　　[R0-GigabitEthernet0/1]ip address 192.268.20.254 255.255.255.0

或者　[R1-GigabitEthernet0/1]ip address 192.268.20.254 24

[R0-GigabitEthernet0/1]undoshutdown

[R0-GigabitEthernet0/1]quit

路由器端口 GE0 和 GE1 端口指示灯，只有在网络连接正确，且端口 IP 地址配置以后才能显示正确的状态。

3) 查看路由器状态

(1) 用 display current-configuration 命令查看路由器当前状态，结果如下：

[R0]display current-configuration

　　(省略)

　#

　interface GigabitEthernet0/0　　　　　　　　//GE0，路由端口，IP 地址 192.168.10.254

　　port link-mode route

　　ip address 192.168.10.254 255.255.255.0

　#

　interface GigabitEthernet0/1　　　　　　　　//GE1，路由端口，IP 地址 192.168.20.254

　　port link-mode route

　　ip address 192.168.20.254 255.255.255.0

　#

　interface GigabitEthernet0/2　　　　　　　　//GE2，端口类型是 bridge

　　port link-mode bridge

　#

　interface GigabitEthernet0/3

　　port link-mode bridge

　#

　interface GigabitEthernet0/4

　　port link-mode bridge

　#

　(省略)

(2) 使用 display ip routing-table 命令查看路由信息，结果如下：

[R0]display ip routing-table

Destinations : 16　　　　Routes : 16

Destination/Mask	Proto	Pre	Cost	NextHop	Interface
0.0.0.0/32	Direct	0	0	127.0.0.1	InLoop0
127.0.0.0/8	Direct	0	0	127.0.0.1	InLoop0
127.0.0.0/32	Direct	0	0	127.0.0.1	InLoop0
127.0.0.1/32	Direct	0	0	127.0.0.1	InLoop0

127.255.255.255/32	Direct	0	0	127.0.0.1	InLoop0
192.168.10.0/24	Direct	0	0	192.168.10.254	GE0/0
192.168.10.0/32	Direct	0	0	192.168.10.254	GE0/0
192.168.10.254/32	Direct	0	0	127.0.0.1	InLoop0
192.168.10.255/32	Direct	0	0	192.168.10.254	GE0/0
192.168.20.0/24	Direct	0	0	192.168.20.254	GE0/1
192.168.20.0/32	Direct	0	0	192.168.20.254	GE0/1
192.168.20.254/32	Direct	0	0	127.0.0.1	InLoop0
192.168.20.255/32	Direct	0	0	192.168.20.254	GE0/1
224.0.0.0/4	Direct	0	0	0.0.0.0	NULL0
224.0.0.0/24	Direct	0	0	0.0.0.0	NULL0
255.255.255.255/32	Direct	0	0	127.0.0.1	InLoop0

结果显示，已经配置的两个端口 GE0 和 GE1 是两条直连路由。

4）测试结果

在主机 PC1 上 ping 主机 PC2，测试网络的连通性，结果如下：

PC>ping 192.168.20.1

Pinging 192.168.20.1 with 32 bytes of data:

Reply from 192.168.20.1: bytes=32 time=62ms TTL=255
Reply from 192.168.20.1: bytes=32 time=63ms TTL=255
Reply from 192.168.20.1: bytes=32 time=63ms TTL=255
Reply from 192.168.20.1: bytes=32 time=47ms TTL=255

Ping statistics for 192.168.20.1:
    Packets: Sent = 4, Received = 4, Lost = 0 (0% loss),
    Approximate round trip times in milli-seconds:
        Minimum = 47ms, Maximum = 63ms, Average = 58ms

连接在不同子网的 PC 可以相互通信，说明路由器直连路由的两个端口之间可以相互转发数据。

7.1.2　静态路由配置

静态路由是管理员手动配置路由器时指定的路由条目，只要网络的拓扑结构发生变化，管理员就必须手动更新静态路由条目。静态路由是用户定义的路由，它可指定数据包从源地址移动到目的地址时所走的路径，这些管理员定义的路由可精确控制 IP 网络的路由行为。

1. 实验目的

● 熟悉静态路由概念；

● 掌握静态路由配置方法。

2. 实验设备

● H3C 交换机 3 台；
● H3C 路由器 2 台；
● PC 2 台；
● RJ 45 双绞线数根；
● Console 电缆 1 根。

3. 实验过程

如图 7-3 所示的拓扑结构，两个或多个小组之间，通过配置静态路由表来实现路由器的互连，查看并熟悉路由器的路由表信息。

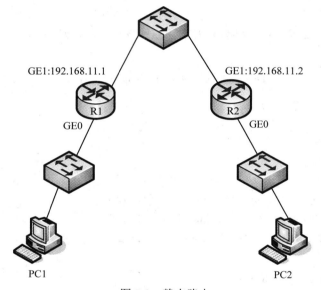

GE1:192.168.11.1　　　　　　　　GE1:192.168.11.2

R1　　　R2

GE0　　　GE0

PC1　　　PC2

图 7-3　静态路由

1) 主机配置

主机 PC1 配置如下：

　　IP 地址：192.168.10.1

　　子网掩码：255.255.255.0

　　网关：192.168.10.254

主机 PC2 配置如下：

　　IP 地址：192.168.20.1

　　子网掩码：255.255.255.0

　　网关：192.168.20.254

2) 路由器配置

路由器 R1 配置如下：

　　[R1]interface GE0/0

[R1-GigabitEthernet0/0]port link-mode route

[R1-GigabitEthernet0/0]ip address 192.168.10.254 255.255.255.0

[R1-GigabitEthernet0/0]undo shutdown

[R1-GigabitEthernet0/0]quit

[R1]interface GE0/1

[R1-GigabitEthernet0/1]port link-mode route

[R1-GigabitEthernet0/1]ip address 192.168.11.1 255.255.255.0

[R1-GigabitEthernet0/1]undo shutdown

[R1-GigabitEthernet0/1]quit

[R1]ip route-static 192.168.20.0 255.255.255.0 192.168.11.2   //静态路由

该命令表示：从路由器 R1 出发，发往 192.168.2.0 255.255.255.0 网段的数据包，其下一跳点(Next Hop)的地址是 192.168.11.2。可以用 trace 命令显示 IP 包在传输过程中的每一个跳点的 IP 地址，从而查看 IP 包经过的整个路径。因此我们把这种指令格式的静态路由称为带下一跳的静态路由。

路由器 R2 配置如下：

[R2]interface GE0/0

[R2-GigabitEthernet0/0]ip address 192.168.20.254 255.255.255.0

[R2-GigabitEthernet0/0]undo shutdown

[R2-GigabitEthernet0/0]quit

[R2]interface GE0/1

[R2-GigabitEthernet0/1]ip address 192.168.11.2 255.255.255.0

[R2-GigabitEthernet0/1]undo shutdown

[R2-GigabitEthernet0/1]quit

[R2]ip route-static 192.168.10.0 255.255.255.0 192.168.11.1

3) 查看路由器工作状态

使用 display current-configration 指令，查看路由器当前运行状态，结果包含路由器所有的配置信息。

[R1]display current-configuration

(省略)

\#

interface GigabitEthernet0/0

　　port link-mode route

　　ip address 192.168.10.254 255.255.255.0   **// GE0 的 IP 地址**

\#

interface GigabitEthernet0/1

　　port link-mode route

　　ip address 192.168.11.1 255.255.255.0

\#

interface GigabitEthernet0/2

```
        port link-mode bridge
    #
    interface GigabitEthernet0/3
        port link-mode bridge
    #
    interface GigabitEthernet0/4
        port link-mode bridge
    #
    ip route-static 192.168.10.0 24 192.168.11.2                    //静态路由表，只有一个条目
    #
    (省略)
```

用 display ip routing-table 指令可以查看路由表，结果如下：

```
[R1]display ip routing-table
```

```
Destinations : 17          Routes : 17
```

Destination/Mask	Proto	Pre	Cost	NextHop	Interface	
0.0.0.0/32	Direct	0	0	127.0.0.1	InLoop0	
127.0.0.0/8	Direct	0	0	127.0.0.1	InLoop0	
127.0.0.0/32	Direct	0	0	127.0.0.1	InLoop0	
127.0.0.1/32	Direct	0	0	127.0.0.1	InLoop0	
127.255.255.255/32	Direct	0	0	127.0.0.1	InLoop0	
192.168.10.0/24	Direct	0	0	192.168.10.1	GE0/0	
192.168.10.0/32	Direct	0	0	192.168.10.1	GE0/0	
192.168.10.1/32	Direct	0	0	127.0.0.1	InLoop0	
192.168.10.255/32	Direct	0	0	192.168.10.1	GE0/0	
192.168.11.0/24	Direct	0	0	192.168.11.1	GE0/1	
192.168.11.0/32	Direct	0	0	192.168.11.1	GE0/1	
192.168.11.1/32	Direct	0	0	127.0.0.1	InLoop0	
192.168.11.255/32	Direct	0	0	192.168.11.1	GE0/1	
192.168.20.0/24	**Static**	**60**	**0**	**192.168.11.2**	**GE0/1**	//静态路由
224.0.0.0/4	Direct	0	0	0.0.0.0	NULL0	
224.0.0.0/24	Direct	0	0	0.0.0.0	NULL0	
255.255.255.255/32	Direct	0	0	127.0.0.1	InLoop0	

查看路由器R2的运行状态和路由表,与路由器R1的查询结果进行对比,看有何差异。

4) 测试结果

在主机 PC1 上 ping 主机 PC2，测试网络的连通性，结果如下：

```
PC>ping 192.168.20.1
```

Pinging 192.168.20.1 with 32 bytes of data:

Reply from 192.168.20.1: bytes=32 time=62ms TTL=255
Reply from 192.168.20.1: bytes=32 time=63ms TTL=255
Reply from 192.168.20.1: bytes=32 time=63ms TTL=255
Reply from 192.168.20.1: bytes=32 time=47ms TTL=255

Ping statistics for 192.168.20.1:
　　Packets: Sent = 4, Received = 4, Lost = 0 (0% loss),
Approximate round trip times in milli-seconds:
　　Minimum = 47ms, Maximum = 63ms, Average = 58ms

7.1.3　RIP 路由

RIP 路由协议采用距离矢量算法，以源节点到目的节点之间的最大跳数作为路由选择依据，最大的特点是简单、易于理解。本实验主要通过在路由器上配置 RIPv1 协议，掌握 RIP 协议的基本工作原理，达到理解路由器通过动态路由协议，自主"学习"路由条目。

1. 实验目的
- 理解 RIP 协议原理；
- 熟悉 RIP 路由维护；
- 掌握 RIP 协议运行机制；
- 掌握 RIP 路由配置。

2. 实验设备
- H3C 路由器 2 台；
- H3C 交换机 3 台；
- PC 2 台；
- RJ45 双绞线数根；
- Console 电缆 1 根。

3. 实验过程
参照图 7-3 所示拓扑结构，PC 参数配置不变，进行基本的 RIP 配置。

1) 基本参数配置
路由器 R1 配置如下：
　　[R1]interface GE0/0
　　[R1-GigabitEthernet0/0]ip address 192.168.10.254 255.255.255.0
　　[R1-GigabitEthernet0/0]undo shutdown
　　[R1-GigabitEthernet0/0]quit
　　[R1]interface GE0/1
　　[R1-GigabitEthernet0/1]ip address 192.168.11.1 255.255.255.0

```
[R1-GigabitEthernet0/1]undo shutdown
[R1-GigabitEthernet0/1]quit
```

路由器 R2 配置如下：

```
[R2]interface GE0/0
[R2-GigabitEthernet0/0]ip address 192.168.20.254 255.255.255.0
[R2-GigabitEthernet0/0]undo shutdown
[R2-GigabitEthernet0/0]quit
[R2]interface GE0/1
[R2-GigabitEthernet0/1]ip address 192.168.11.2 255.255.255.0
[R2-GigabitEthernet0/1]undo shutdown
[R2-GigabitEthernet0/1]quit
```

2) 路由器 RIP 配置

路由器 R1 配置如下：

```
[R1]rip
[R1-rip-1]network 192.168.10.0
[R1-rip-1]network 192.168.11.0
[R1-rip-1]quit
```

路由器 R2 配置如下：

```
[R2]rip
[R2-rip-1]network 192.168.20.0
[R2-rip-1]network 192.168.11.0
[R2-rip-1]quit
```

3) 查看配置结果

查看路由器 R1 配置状态，结果如下：

```
[R1]display current-configuration
#
    version 7.1.064, Release 0605P13
#
    sysname R1
#
    telnet server enable
#
rip 1
    network 192.168.10.0                        //路由器端口所在网段的网络地址
    network 192.168.11.0
#
(省略)
```

用 show ip routing-table 指令查看路由表，结果如下：

[R1]display ip routing-table

Destinations : 17　　　　Routes : 17

Destination/Mask	Proto	Pre	Cost	NextHop	Interface	
0.0.0.0/32	Direct	0	0	127.0.0.1	InLoop0	
127.0.0.0/8	Direct	0	0	127.0.0.1	InLoop0	
127.0.0.0/32	Direct	0	0	127.0.0.1	InLoop0	
127.0.0.1/32	Direct	0	0	127.0.0.1	InLoop0	
127.255.255.255/32	Direct	0	0	127.0.0.1	InLoop0	
192.168.10.0/24	Direct	0	0	192.168.10.1	GE0/0	
192.168.10.0/32	Direct	0	0	192.168.10.1	GE0/0	
192.168.10.1/32	Direct	0	0	127.0.0.1	InLoop0	
192.168.10.255/32	Direct	0	0	192.168.10.1	GE0/0	
192.168.11.0/24	Direct	0	0	192.168.11.1	GE0/1	
192.168.11.0/32	Direct	0	0	192.168.11.1	GE0/1	
192.168.11.1/32	Direct	0	0	127.0.0.1	InLoop0	
192.168.11.255/32	Direct	0	0	192.168.11.1	GE0/1	
192.168.20.0/24	RIP	100	1	192.168.11.2	GE0/1	//RIP 路由
224.0.0.0/4	Direct	0	0	0.0.0.0	NULL0	
224.0.0.0/24	Direct	0	0	0.0.0.0	NULL0	
255.255.255.255/32	Direct	0	0	127.0.0.1	InLoop0	

查看路由器 R2 的运行状态和路由表，与路由器 R1 的查询结果进行对比，有何差异。最后用 ping 命令测试 PC1 和 PC2 的连通性。

7.1.4　配置单区域 OSPF

开放式最短路径优先协议(Open Shortest Path First，OSPF)是一个内部网关协议(Interior Gateway Protocol，IGP)，用于在单一自治系统(Autonomous System，AS)内决策路由，是对链路状态路由协议的一种实现，隶属内部网关协议(IGP)，故运作于自治系统内部。著名的迪克斯加算法(Dijkstra)被用来计算最短路径树。OSPF 分为 OSPFv2 和 OSPFv3 两个版本，其中 OSPFv2 用在 IPv4 网络，OSPFv3 用在 IPv6 网络。OSPFv2 是由 RFC 2328 定义的，OSPFv3 是由 RFC 5340 定义的。与 RIP 相比，OSPF 是链路状态协议，而 RIP 是距离矢量协议。

1. 实验目的
- 掌握单区域 OSPF 配置方法；
- 掌握 OSPF 优先级的配置方法。

2. 实验设备
- H3C 路由器 2 台；

- RJ45 线缆数根；
- Console 电缆 1 根。

3. 实验过程

如图 7-4 所示的拓扑结构，两台路由器分别用串口线和双绞线连接，通过配置 OSPF 实现各网段互通。

Loopback0   10.1.1.1/24   10.1.1.2/24   Loopback0
1.1.1.1/32   2.2.2.2/32
              R1   R2

图 7-4　OSPF 协议配置

1）在路由器之间先用串口线相连，配置 OSPF 协议

路由器 R1 配置代码如下：

```
[R1]interface S1/0                          //串口用 S1/0 表示
[R1-Serial1/0]ip address 10.1.1.1 255.255.255.0
[R1-Serial1/0]quit
[R1]interface loopback 0
[R1-LoopBack0]ip address 1.1.1.1 32
[R1]router id 1.1.1.1
[R1]ospf 1
[R1-ospf-1]area 0
[R1-ospf-1-area-0.0.0.0]network 1.1.1.1 0.0.0.0
[R1-ospf-1-area-0.0.0.0]network 10.1.1.0 0.0.0.255
[R1-ospf-1-area-0.0.0.0]quit
```

路由器 R2 配置代码如下：

```
[R2]interface S1/0
[R2-Serial1/0]ip address 10.1.1.2 24
[R2-Serial1/0]quit
[R2]interface loopback 0
[R2-LoopBack0]ip address 2.2.2.2 32
[R2]router id 2.2.2.2
[R2]ospf 1
[R2-ospf-1]area 0.0.0.0
[R2-ospf-1-area-0.0.0.0]network 2.2.2.2 0.0.0.0
[R2-ospf-1-area-0.0.0.0]network 10.1.1.0 0.0.0.255
[R2-ospf-1-area-0.0.0.0]quit
```

2）检查路由器 OSPF 邻居状态及路由表

查看路由器 R1 的 OSPF 邻居状态，结果如下：

```
[R1]display ospf peer
```

OSPF Process 1 with Router ID 1.1.1.1

　　　Neighbor Brief Information

Area: 0.0.0.0

Router ID	Address	Pri	Dead-Time	Interface	State
2.2.2.2	10.1.1.2	1	32	S1/0	Full/ -

查看路由器 R2 的 OSPF 邻居状态，结果如下：

[R2]display ospf peer

　　　OSPF Process 1 with Router ID 2.2.2.2

Area: 0.0.0.0

Router ID	Address	Pri	Dead-Time	Interface	State
1.1.1.1	10.1.1.1	1	32	S1/0	**Full/ -**

可以发现，路由器 R1 和 R2 之间没有进行 DR 和 BDR 的选举，原因是 R1 和 R2 之间使用串口线相连，在点对点的链路上不需要进行 DR 和 BDR 的选举的。

将路由器 R1 和 R2 重新用双绞线相连，如图 7-5 所示，配置 IP 地址，代码如下：

Loopback0
1.1.1.1/32　　　　　GE0　　　　　GE0　　　　　Loopback0
2.2.2.2/32

R1　　　　　　　　　　　　　　R2

图 7-5　优先级的 OSPF 配置

[R1]interface GE0/0

[R1-Ethernet0/0]ip address 10.1.1.1 24

[R2]interface GE0/0

[R2-Ethernet0/0]ip address 10.1.1.2 24

查看路由器 R1 的 OSPF 邻居状态，结果如下：

[R1]display ospf peer

　　　OSPF Process 1 with Router ID 1.1.1.1
　　　　Neighbor Brief Information

Area: 0.0.0.0

Router ID	Address	Pri	Dead-Time	Interface	State
2.2.2.2	10.1.1.2	1	38	GE0/0	Full/**BDR**

路由器 R1 和 R2 优先级相同，虽然 R2 的 router ID 更大，但是因为 R1 先启动，被选

举为 DR，R2 后启动，所以 R2 被选为 BDR。

在路由器 R1 上查看 OSPF 路由表，结果如下：

[R1]display ospf routing

OSPF Process 1 with Router ID 1.1.1.1
Routing Tables

Routing for Network

Destination	Cost	Type	NextHop	AdvRouter	Area
2.2.2.2/32	1	Stub	10.1.1.2	2.2.2.2	0.0.0.0
10.1.1.0/24	1	Transit	10.1.1.1	1.1.1.1	0.0.0.0
1.1.1.1/32	0	Stub	1.1.1.1	1.1.1.1	0.0.0.0

Total Nets: 3

Intra Area: 3　Inter Area: 0　ASE: 0　NSSA: 0

查看路由器 R1 的路由表，结果如下：

[R1]display ip routing-table

Routing Tables: Public

　Destinations : 6　　　　Routes : 6

Destination/Mask	Proto	Pre	Cost	NextHop	Interface
1.1.1.1/32	Direct 0	0		127.0.0.1	InLoop0
2.2.2.2/32	OSPF 10	1		10.1.1.2	GE0/0
10.1.1.0/24	Direct 0	0		10.1.1.1	GE0/0
10.1.1.1/32	Direct 0	0		127.0.0.1	InLoop0
127.0.0.0/8	Direct 0	0		127.0.0.1	InLoop0
127.0.0.1/32	Direct 0	0		127.0.0.1	InLoop0

3) 测试网络连通性

在路由器 R1 上，用 ping 命令测试，结果如下：

[R1]ping -a 1.1.1.1 2.2.2.2

PING 2.2.2.2: 56　data bytes, press CTRL_C to break

Reply from 2.2.2.2: bytes=56 Sequence=1 ttl=255 time=3 ms

Reply from 2.2.2.2: bytes=56 Sequence=2 ttl=255 time=1 ms

Reply from 2.2.2.2: bytes=56 Sequence=3 ttl=255 time=1 ms

Reply from 2.2.2.2: bytes=56 Sequence=4 ttl=255 time=1 ms

Reply from 2.2.2.2: bytes=56 Sequence=5 ttl=255 time=1 ms

--- ping statistics for 2.2.2.2 ---

5 packet(s) transmitted

5 packet(s) received

0.00% packet loss

round-trip min/avg/max = 1/1/3 ms

7.2 VLAN 间路由

7.2.1 三层交换机路由

1. 实验目的

● 熟悉三层交换机概念；

● 掌握三层交换机 VLAN 端口配置。

2. 实验设备

● H3C 交换机 1 台(必须是三层交换机)；

● PC 2 台；

● RJ45 双绞线 2 根；

● Console 电缆 1 根。

3. 实验过程

如图 7-6 所示，PC1 在 VLAN2 中，PC2 在 VLAN3 中，用三层交换机完成 VLAN 间路由。

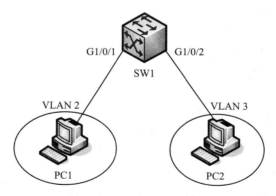

图 7-6 三层交换机路由配置

1) 主机配置

PC1 配置如下：

IP 地址：192.168.10.1

子网掩码：255.255.255.0

网关：192.168.10.254

PC2 配置如下：

IP 地址：192.168.20.1

子网掩码：255.255.255.0

网关：192.168.20.254

2) 交换机配置

交换机配置代码如下：

[SW1]vlan 2

[SW1-vlan2]port GigabitEthernet 1/0/1

[SW1-vlan2]quit

[SW1]interface vlan 2

[SW1-Vlan-interface2]ip address 192.168.10.254 255.255.255.0

[SW1-Vlan-interface2]undo shutdown

[SW1-Vlan-interface2]quit

[SW1]vlan3

[SW1-vlan3]port GigabitEthernet 1/0/2

[SW1]interface vlan 3

[SW1-Vlan-interface3]ip address 192.168.20.254 255.255.255.0

[SW1-Vlan-interface2]undo shutdown

[SW1-Vlan-interface3]quit

查看交换机 SW0 的 VLAN 信息，结果如下：

[SW0]display vlan all

VLAN ID: 1

VLAN Type: static

Route Interface: not configured

Description: VLAN 0001

Name: VLAN 0001

Tagged　　　Ports: none

Untagged Ports:

GigabitEthernet1/0/1	GigabitEthernet1/0/4	GigabitEthernet1/0/5
GigabitEthernet1/0/6	GigabitEthernet1/0/7	GigabitEthernet1/0/8
GigabitEthernet1/0/9	GigabitEthernet1/0/10	GigabitEthernet1/0/11
GigabitEthernet1/0/12	GigabitEthernet1/0/13	GigabitEthernet1/0/14
GigabitEthernet1/0/15	GigabitEthernet1/0/16	GigabitEthernet1/0/17
GigabitEthernet1/0/18	GigabitEthernet1/0/19	GigabitEthernet1/0/20
GigabitEthernet1/0/21	GigabitEthernet1/0/22	GigabitEthernet1/0/23
GigabitEthernet1/0/24	GigabitEthernet1/0/25	GigabitEthernet1/0/26
GigabitEthernet1/0/27	GigabitEthernet1/0/28	

VLAN ID: 2

VLAN Type: static

Route Interface: configured

IP Address: 192.168.10.254　　　　　　　　　　//VLAN 2 的网关

Subnet Mask: 255.255.255.0

Description: VLAN 0002

Name: VLAN 0002

Tagged　　Ports: none

Untagged Ports:

　　GigabitEthernet1/0/1

VLAN ID: 3

VLAN Type: static

Route Interface: configured

IP Address: 192.168.20.254　　　　　　　　　　//VLAN3 的网关

Subnet Mask: 255.255.255.0

Description: VLAN 0003

Name: VLAN 0003

Tagged　　Ports: none

Untagged Ports:

　　GigabitEthernet1/0/2

3) 测试结果

在主机 PC1 上 ping 主机 PC2，测试网络连通性，结果如下：

PC>ping 192.168.20.1

Pinging 192.168.20.1 with 32 bytes of data:

Reply from 192.168.20.1: bytes=32 time=62ms TTL=255

Reply from 192.168.20.1: bytes=32 time=63ms TTL=255

Reply from 192.168.20.1: bytes=32 time=63ms TTL=255

Reply from 192.168.20.1: bytes=32 time=47ms TTL=255

Ping statistics for 192.168.20.1:

　　Packets: Sent = 4, Received = 4, Lost = 0 (0% loss),

Approximate round trip times in milli-seconds:

　　Minimum = 47ms, Maximum = 63ms, Average = 58ms

7.2.2　单臂路由

1. 实验目的

● 　熟悉单臂路由概念；

● 　掌握单臂路由的基本配置方法。

2. 实验设备

- H3C 路由器 1 台；
- H3C 交换机 1 台；
- PC 2 台；
- RJ45 双绞线 3 根；
- Console 电缆 1 根。

3. 实验过程

拓扑结构如图 7-7 所示，PC1 和 PC2 属于不同的 VLAN，要连通两台 PC，必须通过路由器。单臂路由(router-on-a-stick)是指在路由器的一个接口上通过配置子接口(也称为"逻辑接口"，并不存在真正的物理接口)的方式，实现原来相互隔离的不同 VLAN 之间的互联互通。

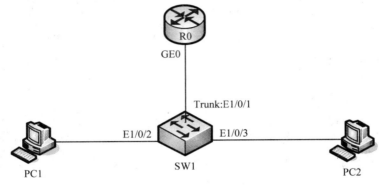

图 7-7　单臂路由

1) 主机配置

主机 PC1 配置如下：

　　IP 地址：192.168.10.1

　　子网掩码：255.255.255.0

　　网关：192.168.10.254

主机 PC2 配置如下：

　　IP 地址：192.168.20.1

　　子网掩码：255.255.255.0

　　网关：192.168.20.254

2) 交换机配置

交换机 SW1 配置代码如下：

```
[SW1]vlan 2                                                    //创建 VLAN 2
[SW1-vlan2]port Ethernet1/0/2
[SW1-vlan2]quit
[SW1]vlan 3
[SW1-vlan3]port Ethernet1/0/3
[SW1-vlan3]quit
```

[SW1]interface Ethernet1/0/1

[SW1-Ethernet1/0/1]port link-type trunk　　　　　　　　　　//必须设置 Trunk 端口

[SW1-Ethernet1/0/1]port trunk permit vlan all

[SW1-Ethernet1/0/1]quit

[SW1]

查看交换机的 VLAN 信息，可以看出分配了新的 VLAN 2 和 VLAN 3，里面对应的端口连接 PC1 和 PC2。

[SW1]display vlan all

VLAN ID: 1

VLAN Type: static

Route Interface: not configured

Description: VLAN 0001

Name: VLAN 0001

Tagged　　Ports: none

Untagged Ports:

Ethernet1/0/1	Ethernet1/0/4	Ethernet1/0/5
Ethernet1/0/6	Ethernet1/0/7	Ethernet1/0/8
Ethernet1/0/9	Ethernet1/0/10	Ethernet1/0/11
Ethernet1/0/12	Ethernet1/0/13	Ethernet1/0/14
Ethernet1/0/15	Ethernet1/0/16	Ethernet1/0/17
Ethernet1/0/18	Ethernet1/0/19	Ethernet1/0/20
Ethernet1/0/21	Ethernet1/0/22	Ethernet1/0/23
Ethernet1/0/24		
GigabitEthernet1/0/25	GigabitEthernet1/0/26	

VLAN ID: 2

VLAN Type: static

Route Interface: not configured

Description: VLAN 0002

Name: VLAN 0002

Tagged　　Ports:

Ethernet1/0/1　　　　　　　　　　　　　　　//E1/0/1 是 trunk 端口

Untagged Ports:

Ethernet1/0/2

VLAN ID: 3

VLAN Type: static

Route Interface: not configured

Description: VLAN 0003

Name: VLAN 0003

Tagged　　Ports:

　　Ethernet1/0/1

Untagged Ports:

　　Ethernet1/0/3

3) 路由器配置

路由器 R0 配置如下：

```
[R0]interface GE0/0
[R0-GigabitEthernet0/0]undo shutdown                          //端口激活
[R0-GigabitEthernet0/0]quit
[R0]interface GE0/0.2                                          //配置子端口
[R0-GigabitEthernet0/0.2]vlan-type dot1q vid 2
[R0-GigabitEthernet0/0.2]ip address 192.168.10.254 255.255.255.0
[R0-GigabitEthernet0/0.2]quit
[R0]interface GE0/0.3
[R0-GigabitEthernet0/0.3]vlan-type dot1q vid 3
[R0-GigabitEthernet0/0.3]ip address 192.168.20.254255.255.255.0
[R0-GigabitEthernet0/0.3]quit
```

查看路由器 R0 的运行状态，结果如下：

```
[R0]display current-configuration
(省略)
#
interface GigabitEthernet0/0
    port link-mode route
#
interface GigabitEthernet0/0.2                                //配置 GE0/0.2 子端口
    ip address 192.168.10.254 255.255.255.0
    vlan-type dot1q vid 2
#
interface GigabitEthernet0/0.3                                //配置 GE0/0.3 子端口
    ip address 192.168.20.254 255.255.255.0
    vlan-type dot1q vid 3
#
(省略)
```

4) 测试结果

主机 PC1 上 ping 主机 PC2，测试网络连通性，结果如下：

```
PC>ping 192.168.20.1
Pinging 192.168.20.1 with 32 bytes of data:
```

Reply from 192.168.20.1: bytes=32 time=62ms TTL=255

Reply from 192.168.20.1: bytes=32 time=63ms TTL=255

Reply from 192.168.20.1: bytes=32 time=63ms TTL=255

Reply from 192.168.20.1: bytes=32 time=47ms TTL=255

Ping statistics for 192.168.20.1:

　　Packets: Sent = 4, Received = 4, Lost = 0 (0% loss),

Approximate round trip times in milli-seconds:

　　Minimum = 47ms, Maximum = 63ms, Average = 58ms

7.3　DHCP 配 置

7.3.1　本地 DHCP 配置

1. 实验目的

● 熟悉本地 DHCP 工作原理；
● 掌握本地 DHCP 配置方法。

2. 实验设备

● H3C 路由器 1 台；
● H3C 交换机 1 台；
● PC 2 台；
● RJ45 双绞线数根；
● Console 电缆 1 根。

3. 实验过程

如图 7-8 所示，路由器 R1 用作 DHCP 服务器，负责给本地主机 PC1 和 PC2 动态分配 IP 地址。

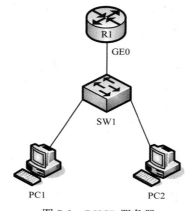

图 7-8　DHCP 服务器

1) 主机配置

主机 PC1 和 PC2 都设置为自动获取 IP 地址和 DNS 服务器地址，如图 7-9 所示：

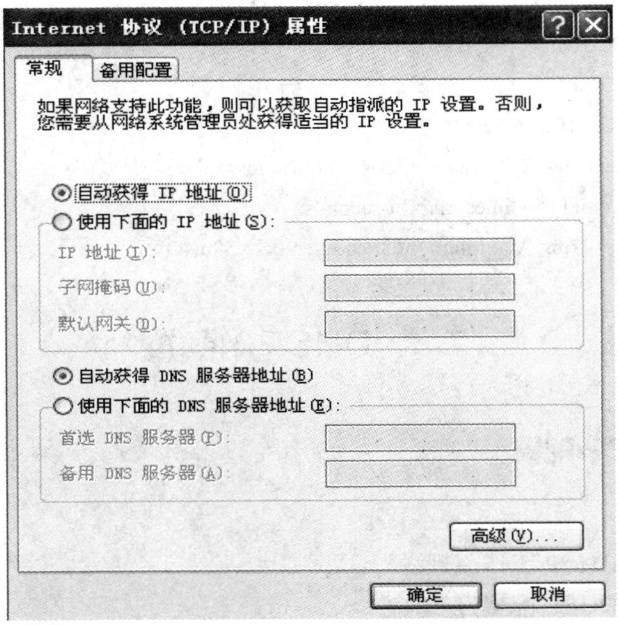

图 7-9　DHCP 客户端配置

2) 路由器配置

路由器 R1 配置如下：

```
[R1]interface GE0/0
[R1-GigabitEthernet0/0]ip address 192.168.10.1 255.255.255.0
[R1-GigabitEthernet0/0]quit
[R1]dhcp enable                                          //启用 DHCH 功能
[R1]dhcp server ip-pool 1                                //设置地址池
[R1-dhcp-pool-1]network 192.168.10.1 mask 255.255.255.0  //设置地址范围
[R1-dhcp-pool-1]gateway-list 192.168.10.1                //设置网关为 192.168.1.1
[R1-dhcp-pool-1]dns-list 192.168.10.1                    //DNS 服务器地址为 192.168.1.1
[R1-dhcp-pool-1]quit
```

这里设置的是一个网段的范围，在这个范围内某些地址禁止分配，比如说网关的地址和一些指定的设备的 IP 地址。

```
[R1]dhcp server forbidden-ip 192.168.10.1               //禁止网关和 DNS 地址被分配出去
```

查看路由器 R1 运行状态，结果如下：

```
[R1]display current-configration
(省略)
#
dhcp server ip-pool 1
```

      gateway-list 192.168.10.1

      network 192.168.10.0 mask 255.255.255.0

      dns-list 192.168.10.1

#

(省略)

3)　查看分配结果

在路由器上可以查询 DHCP 服务器分配出去的 IP 地址，结果如下：

[R1]display dhcp server ip-in-use

IP address	Client identifier/ Hardware address	Lease expiration	Type
192.168.10.2	013c-970e-a65c-80	Jan　2 00:10:13 2011	Auto(C)
192.168.10.3	0100-0ec6-5df5-77	Jan　2 00:14:04 2011	Auto(C)

查看主机 PC1 的本地连接，网络详细信息里可以看到 DHCP 客户端(也就是 PC1)获取到的 IP 地址的详细信息，如图 7-10 所示。

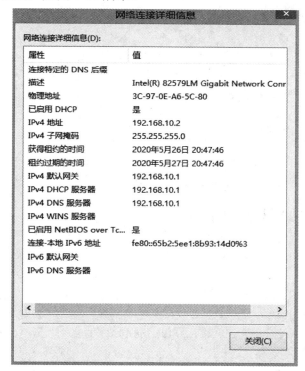

图 7-10　客户端获取的 IP 详细信息

在"命令提示符"窗口下输入"ipconfig"命令，也可以查看 PC1 是否获取到 IP 地址，结果如下：

      C:\Users\sun>ipconfig

Windows IP 配置

以太网适配器 以太网 2:

　　连接特定的 DNS 后缀 ....:
　　本地链接 IPv6 地址........: fe80::4de8:df4f:51cb:5eb6%17
　　IPv4 地址 ....: 192.168.10.2
　　子网掩码................: 255.255.255.0
　　默认网关................: 192.168.10.1

可以看出 PC1 获取的 IP 地址是 192.168.10.2，是可分配的地址范围内第一个可分配的 IP 地址。如果出现 IP 地址是 169.254 开头，则表示没有获取到 IP 地址。以 169.245 开头的 IP 地址为系统因为没有获取到 IP 地址而为主机自动分配的 IP 地址，掩码为 16 位。这时候要检查接口的连接是否正确，是否连接 IP 地址为网关地址接口上。

用 ipconfig/all 命令查看网络连接的属性，结果如下：

C:\Users\sun>ipconfig/all

Windows IP 配置

　　主机名.....................: LAPTOP-UHT2O1UE
　　主 DNS 后缀.................:
　　节点类型...................: 混合
　　IP 路由已启用 ....: 否
　　WINS 代理已启用 ....: 否

以太网适配器 以太网 2:

　　连接特定的 DNS 后缀 ....:
　　描述 ....: ASIX AX88772C USB2.0 to Fast Ethernet Adapter
　　物理地址....................: 00-0E-C6-5D-F5-77
　　DHCP 已启用 ....: 是
　　自动配置已启用...............: 是
　　本地链接 IPv6 地址 ....: fe80::4de8:df4f:51cb:5eb6%17(首选)
　　IPv4 地址 ....: 192.168.10.2(首选)　　　　//获取到的 IP 地址
　　子网掩码 ....: 255.255.255.0
　　获得租约的时间 ....: 2020 年 5 月 26 日 20:47:46
　　租约过期的时间 ....: 2020 年 5 月 27 日 20:47:46　　//租约期是 12 小时
　　默认网关....................: 192.168.10.1　　　　　　　　//设置的网关
　　DHCP 服务器 ....: 192.168.10.1
　　DHCPv6 IAID ....: 637537990
　　DHCPv6 客户端 DUID ....: 00-01-00-01-24-54-06-5F-00-6F-00-00-0C-A2

DNS 服务器　................. : 192.168.10.1　　　　　　　　　//DNS 服务器地址

TCPIP 上的 NetBIOS ....: 已启用

查询结果包含详细的网络连接属性，包括：网卡描述、网卡的物理地址、IP 地址、子网掩码、默认网关、DHCPserver、DNSserver、地址获取时间和租用有效期等信息。我们还可以通过设置租用时间来提高 IP 地址的利用率，及时收回客户端已经不使用的 IP 地址。

[R1-dhcp-pool-1]expired day 0 hour 6 minute 30　　　　　　　//设置租约时间为 6 小时 30 分钟

同样的方法，主机 PC2 自动获取的 IP 地址是 192.168.10.3/24，最后用 ping 指令测试PC1 和 PC2 的连通性。

7.3.2　DHCP 中继配置

1. 实验目的

● 熟悉 DHCP 中继工作原理；

● 掌握 DHCP 中继配置方法。

2. 实验设备

● H3C 路由器 2 台；

● H3C 交换机 2 台；

● PC 3 台；

● RJ45 双绞线数根；

● Console 电缆 1 根。

3. 实验过程

如图 7-11 所示拓扑结构，路由器 R1 是 DHCP 服务器，路由器 R2 是 DHCP 中继，也就是说，通过 DHCP 中继，路由器 R1 还可以为远程的主机 PC2 动态分配 IP 地址。

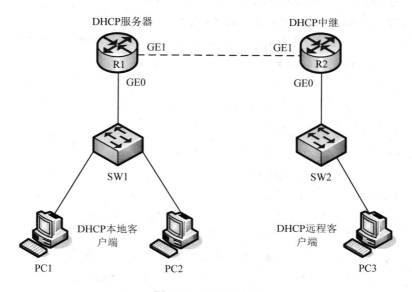

图 7-11　DHCP 中继

1) 路由器配置

接着 7.3.1 节的内容，路由器 R1 已经配置为本地 DHCP 服务器，现在需要将路由器 R1 配置成还可以给远程主机 PC3 分配 IP 地址的 DHCP 服务器，路由器 R2 是 DHCP 中继。路由器 R1 还需要添加代码如下：

```
[R1]interface GE0/1
[R1-GigabitEthernet0/1]ip address 192.168.11.1 24
[R1]dhcp enable
[R1]dhcp server ip-pool 2                                   //再添加一个地址池
[R1-dhcp-pool-2]network 192.168.20.1 mask 255.255.255.0    //可分配的地址是 192.168.20.0
[R1-dhcp-pool-2]gateway-list 192.168.20.1
[R1-dhcp-pool-2]dns-list 192.168.20.1
[R1-dhcp-pool-2]quit
[R1]dhcp server forbidden-ip 192.168.20.1
[R1]ip route-static 192.168.20.0 255.255.255.0 192.168.11.2    //静态路由
```

路由器 R2 添加的代码如下：

```
[R2]interface GE0/0
[R2--GigabitEthernet0/0]ip address 192.168.20.1 24
[R2]interface GE0/1
[R2-GigabitEthernet0/1]ip address 192.168.11.2 24
[R2]dhcp enable
[R2]interface GE0/0
[R2-GigabitEthernet0/0]dhcp select relay
//设置为 GE0/0 为 DHCP 中继接口，能够接收 DHCP 请求报文
[R2--GigabitEthernet0/0]dhcp relay server-adsress 192.168.11.1    //DHCP 服务器 IP 地址
[R2]ip route-static 192.168.10.0 255.255.255.0 192.168.11.1
```

2) 查看结果

(1) 查看路由器 R1 上已经分配的 IP 地址，结果如下：

```
[R1]display dhcp server ip-in-use
```

IP address	Client identifier/ Hardware address	Lease expiration	Type
192.168.10.2	0100-0ec6-5df5-77	Jan　2 02:09:45 2011	Auto(C)
192.168.10.3	015b-6yc3-3su5-30	Jan　2 02: 09:45 2011	Auto(C)
192.168.20.2	013c-970e-a65c-80	Jan　2 01:39:09 2011	Auto(C)

可以看出，路由器 R1 分配了三个 IP 地址，其中 192.168.10.2 和 192.168.10.3 分配给本地主机 PC1 和 PC2，192.168.20.2 分配给远程主机 PC3。

(2) 查看主机 PC3 获取到的 IP 地址。

查看主机 PC3 本地连接，网络详细信息里可以看到 DHCP 客户端(也就是 PC3)获取到的 IP 地址及详细信息，如图 7-12 所示。

图 7-12　DHCP 客户端获取的 IP 地址

还可以在命令行操作下用 ipconfig/all 指令查看主机 PC3 获取到的 IP 地址及详细信息，结果如下：

C:\Users\sun>ipconfig/all

以太网适配器 以太网 2:

连接特定的 DNS 后缀　........:

描述 ....: ASIX AX88772C USB2.0 to Fast Ethernet Adapter

物理地址 ....: 00-0E-C6-5D-F5-77

DHCP 已启用 ....: 是

自动配置已启用 ....: 是

本地链接 IPv6 地址 ....: fe80::4de8:df4f:51cb:5eb6%17(首选)

IPv4 地址 ....: 192.168.20.2(首选)　　　　　　　//获取到的 IP 地址

子网掩码...................: 255.255.255.0

获得租约的时间..............: 2020 年 5 月 29 日 10:47:46

租约过期的时间..............: 2020 年 5 月 30 日 10:47:46　　　　//租约期是 12 小时

默认网关...................: 192.168.20.1　　　　　　　　　//设置的网关

DHCP 服务器 ....: 192.168.11.1

DHCPv6 IAID ....: 637537990

DHCPv6 客户端 DUID.........: 00-01-00-01-24-54-06-5F-00-6F-00-00-0C-A2

DNS 服务器...................: 192.168.20.1　　　　　　　　　//DNS 服务器地址

TCPIP 上的 NetBIOS.........: 已启用

可以看出，两种方式查看的信息一致，主机 PC3 获取的 IP 地址是 192.168.20.2/24，DHCP 服务器的地址是 192.168.11.1，说明主机 PC3 通过 DHCP 中继路由器 R2，从路由器 R1 上自动获取到 IP 地址。

(3) 查看路由器运行状态。

查看路由器 R1 的运行状态，结果如下：

[R1]display current-configuration

(省略)

\#

dhcp server ip-pool 1　　　　　　　　//地址池 1，给本地的 PC1 和 PC2 分配地址

　　gateway-list 192.168.10.1

　　network 192.168.10.0 mask 255.255.255.0

　　dns-list 192.168.10.1

\#

dhcp server ip-pool 2　　　　　　　　//地址池 2，给远程 PC3 分配地址

　　gateway-list 192.168.20.1

　　network 192.168.20.0 mask 255.255.255.0

　　dns-list 192.168.20.1

\#

interface GigabitEthernet0/0

　　port link-mode route

　　ip address 192.168.10.1 255.255.255.0

\#

interface GigabitEthernet0/1

　　port link-mode route

　　ip address 192.168.11.1 255.255.255.0

\#

　　ip route-static 192.168.20.0 24 192.168.11.2

\#

(省略)

查看路由器 R2 的运行状态，结果如下：

[R2]display current-configuration

(省略)

```
     #
         dhcp enable
         dhcp server always-broadcast
     #
     #
     interface GigabitEthernet0/0
         port link-mode route
         ip address 192.168.20.1 255.255.255.0
         dhcp select relay                          //DHCP 中继
         dhcp relay server-address 192.168.11.1     //DHCP 服务器的地址
     #
     interface GigabitEthernet0/1
         port link-mode route
         ip address 192.168.11.2 255.255.255.0
     #
         ip route-static 192.168.10.0 24 192.168.11.1
     #
     (省略)
```

3) 测试结果

在主机 PC1 上 ping 主机 PC3，测试网络连通性，结果如下：

```
PC>ping 192.168.20.2

Pinging 192.168.20.2 with 32 bytes of data:

Reply from 192.168.20.2: bytes=32 time=125ms TTL=126
Reply from 192.168.20.2: bytes=32 time=125ms TTL=126
Reply from 192.168.20.2: bytes=32 time=125ms TTL=126
Reply from 192.168.20.2: bytes=32 time=98ms TTL=126

Ping statistics for 192.168.20.2:
    Packets: Sent = 4, Received = 4, Lost = 0 (0% loss),
    Approximate round trip times in milli-seconds:
        Minimum = 98ms, Maximum = 125ms, Average = 118ms
```

结果表明，主机 PC1 和 PC2 从路由器 R1 获取到本地 IP 地址，主机 PC3 通过 DHCP 中继也获取到 IP 地址，它也是路由器 R1 的客户端，路由器 R1 和 R2 上都添加了静态路由条目，故 PC1、PC2 和 PC3 可以相互访问。

实　验　报　告

实验名称＿＿＿＿＿＿＿＿＿＿＿＿＿＿＿＿＿＿＿＿＿＿＿＿＿＿＿＿＿＿

实验日期＿＿＿＿＿年＿＿＿＿＿月＿＿＿＿＿日
实验地点＿＿＿＿＿＿＿＿＿＿＿＿＿＿＿＿＿＿＿

一、实验目的

二、实验环境(或实验设备需求)

三、实验基本原理(或方案设计及理论计算)
　　(画出实验需要的拓扑结构图，详细标注每个连接点的端口号和终端的 IP 地址)

四、实验数据记录(或仿真及软件设计)

五、实验结果分析及回答问题(或测试环境及测试结果)

六、心得体会

教师签名：

第三部分

Windows 2003 网络服务器配置

第八章　Windows 2003 DNS 服务器的配置

8.1　DNS 概 述

　　DNS(Domain Name System，域名系统)是一种组织成域层次结构的计算机和网络服务命名系统。DNS 命名用于 TCP/IP 网络，用来通过用户的名称定位计算机和服务。当用户在应用程序中输入 DNS 名称时，DNS 服务可以将此名称解析为与此名称相关的信息。例如要浏览网页，我们首先输入网站的地址，如 www.sohu.com，浏览器就把这个地址发送到 DNS 服务器确认叫 www.sohu.com 计算机的位置，然后把查找到的结果返回浏览器，浏览器才能浏览这个服务器上的网页。这个地址可以是 IP 地址，也可以是形如 www.sohu.com 的域名。

　　由于 IP 地址是一个 32 位的二进制数字，我们时常见到的是称为点分十进制的 IP 地址，它形如 192.168.0.1，而域名地址是形如 www.sohu.com 的名称，但是计算机系统只认识 IP 地址，必须要有一种方法把域名转换为 IP 地址，域名系统就是完成这种转换的。

　　域名是一种分层次的结构，由根域、顶级域名、二级域、子域和主机或资源名称结构层次组成。

　　Windows 2003 DNS 服务器设计用于与 Windows 2003 网络服务和 Active Directory 进行互操作。这种核心网络服务和基于标准的技术的集成增强了网络可靠性、简化了网络管理、并实现了协同工作的计算环境。Windows 2003 DNS 令人瞩目的新优点和功能包括通过安全动态更新实现增强的可扩展性、使用自动的老化和清理功能实现更高的性能和数据安全、通过 Unicode 字符支持实现对不同系统间网络资源的更方便的标识和管理，以及简化网络管理的新型管理工具。

　　为了部署 Active Directory 服务，要求 DNS 支持 Active Directory 名称空间。如在 Internet 草稿《A DNS RR for specifying the location of services (DNS SRV)》中所介绍的，所使用的 DNS 服务器必须支持 SRV 记录。

8.2　DNS 配置实例

1. 实验目的
● 安装 DNS 服务器；

- 配置 DNS 服务器；
- 配置 DNS 客户端；
- 访问 DNS 服务器。

2. 实验设备

- Cisco 交换机 1 台；
- 一台安装有 windows 2003 server 的计算机作为 DNS 服务器；
- 一台安装有 windows XP 系统的计算机作为 DNS 客户端。

3. 实验内容

- 在 Windows 2003 server 上安装 DNS 服务器；
- 配置计算机成为 DNS 服务器的客户端；
- 创建 DNS 正向解析区域；
- 创建 DNS 反向解析区域；
- 在 DNS 服务器上创建主机记录；
- 创建 DNS 别名记录；
- 启用 DNS 循环复用功能；
- DNS 服务器动态更新。

4. 安装配置 DNS 服务器

1) 配置计算机成为 DNS 服务器和客户端

本章内容涉及的 Windows 2003 server 网络服务器配置的网络均在局域网环境下工作，网络拓扑结构如图 8-1 所示。

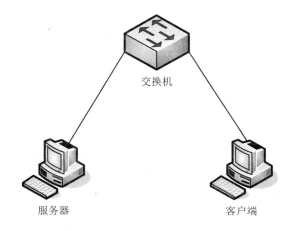

交换机

服务器　　　　　　　　　　　　　　客户端

图 8-1　网络服务器实验环境

Windows 2000 Server 以上版本才能安装 DNS 服务，而且作为 DNS 服务器的计算机必须有静态的 IP 地址和子网掩码，并设置自己的 DNS 服务器地址。分别在服务器和客户端计算机上打开"TCP/IP 属性对话框"，选择"使用下面的 IP 地址和 DNS 服务器地址"，DNS 服务器配置如图 8-2 所示，单击"确定"按钮，即完成对于 DNS 服务器的设置。

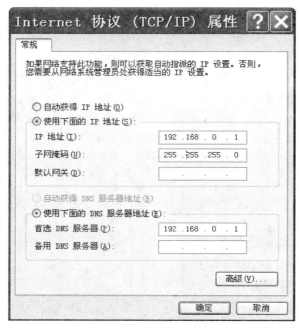

图 8-2　DNS 服务器端设置

客户端配置如图 8-3 所示，单击"确定"按钮，即完成对于 DNS 客户端的设置。

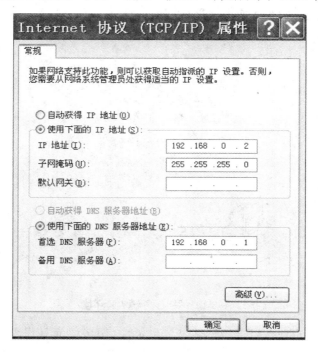

图 8-3　DNS 客户端设置

2) 在 Windows 2003 Server 计算机上安装 DNS 服务

(1) 在要安装 DNS 服务的 Windows 2003 Server 计算机上，单击"开始"→"设置"

→"控制面板"，在控制面板中，双击"添加/删除程序"，如图 8-4 所示，选择"添加/删除 Windows 组件"。

图 8-4　添加 Windows 组件

弹出 Windows 组件对话框，如图 8-5 所示，在组件向导对话框中选取"网络服务"。

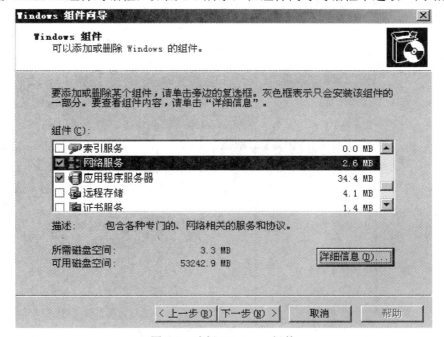

图 8-5　选择 Windows 组件

(2) 单击"详细信息(D)"按钮，进入"网络服务"对话框，如图 8-6 所示，在"域名系统(DNS)"前的方框内打 "√"。

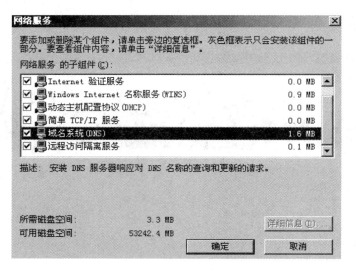

图 8-6　选择域名系统

(3) 单击"确定"按钮，开始安装 DNS 服务。

3) 创建 DNS 正向解析区域

一台 DNS 服务器上可以提供多个域名的 DNS 解析，因此可以创建多个 DNS 区域，步骤如下：

(1) 在 DNS 服务器上，单击"开始"→"程序"→"管理工具"，选择"DNS"，即打开 DNS 控制台。

(2) 右键单击"正向查找区域"，弹出如图 8-7 所示，选择"新建区域"，弹出新建区域向导对话框。

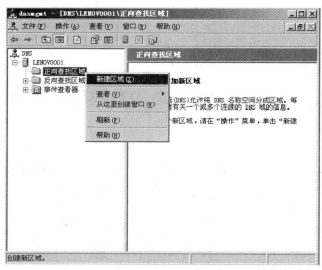

图 8-7　创建 DNS 正向查找区域

(3) 单击"下一步"按钮，弹出"区域类型"对话框，如图 8-8 所示，选择"主要区域"为所建区域类型。

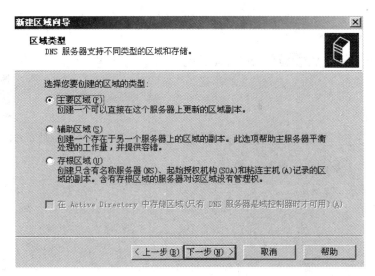

图 8-8　选择 DNS 区域类型

注：DNS 服务器支持下述三种区域类型：

标准主要区域： 区域文件是自主生成的，可读可写。

标准辅助区域： 区域文件是复制过来的，只读。

Active Directory 集成的区域： 只能够在装有活动目录的网络环境中创建，可以提供比标准区域更多的功能。

　　另外，标准主要区域和标准辅助区域的区域文件是以文件的形式存在 DNS 的数据库中，而 Active Directory 集成的区域文件不是以文件的形式存放的，是存放在活动目录中，可以随着活动目录的复制而复制。

　　(4) 此处选择标准主要区域，单击"下一步"按钮，弹出"区域名称"对话框，如图 8-9 所示，在此输入 DNS 区域名称"xd302.com"。

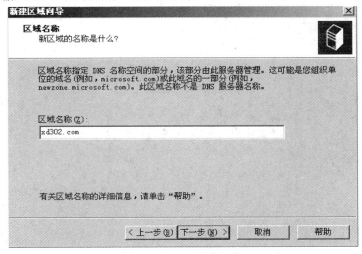

图 8-9　DNS 区域名称

(5) 单击"下一步"按钮，弹出"区域文件"对话框，如图 8-10 所示，选择"创建新文件"，在"文件名"栏中会自动输入"xd302.com.dns"。

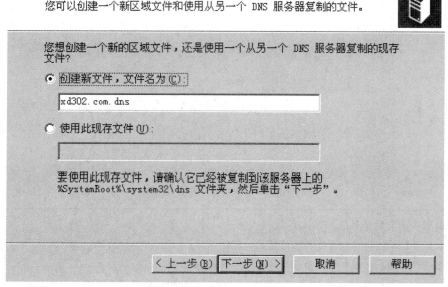

图 8-10　DNS 区域文件名

(6) 单击"下一步"按钮，弹出"动态更新"对话框，如图 8-11 所示，选择"不允许动态更新"。

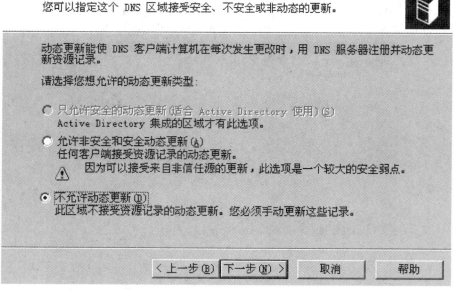

图 8-11　DNS 区域更新

(7) 单击下一步，弹出完成新建区域向导对话框，如图 8-12 所示，即完成对于 DNS 正向解析区域的创建，返回 DNS 控制台下可以查看区域的状态。

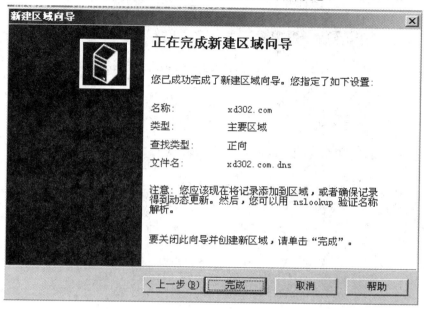

图 8-12　完成 DNS 新建区域

4) 在 DNS 服务器上创建主机记录

(1) 在 DNS 下，右键单击"XD302.com"，如图 8-13 所示，选择"新建主机"。

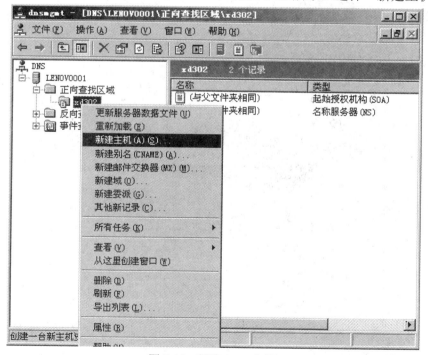

图 8-13　新建 DNS 主机

(2) 弹出"新建主机"对话框,如图 8-14 所示,在"名称"栏输入主机记录名称"www",在 IP 地址栏输入此主机记录的 IP 地址"192.168.0.1"。在"创建相关的指针(PTR)记录(C)"前的方框内打"√",系统会自动在反向区域内创建指针记录。

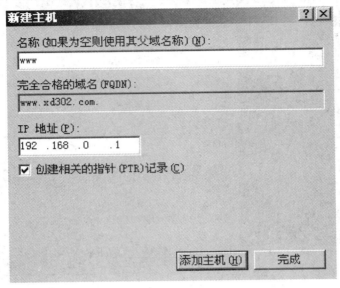

图 8-14　新建 DNS 主机名称

5) 创建 DNS 别名记录

在 DNS 服务器上为主机 www.xd302.com 创建别名记录,步骤如下:

(1) 在 DNS 服务器下,右键单击"xd302.com",如图 8-15 所示,选择"新建别名"。

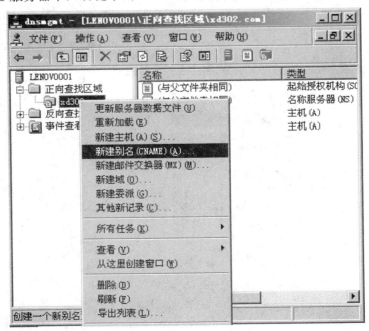

图 8-15　新建 DNS 别名

(2) 弹出"新建资源记录"对话框，在"别名"处输入别名记录的名称"ftp"，如图 8-16 所示，在"目标主机的完全合格的名称"处输入"www.xd302.com"。

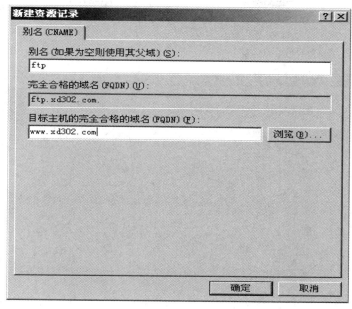

图 8-16　添加 DNS 别名记录

(3) 单击"确定"按钮，返回 DNS 控制台，如图 8-17 所示，可以看到所建的别名记录。

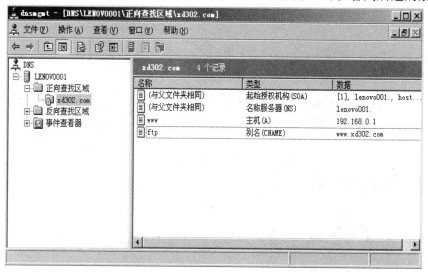

图 8-17　DNS 别名记录

6) 创建 DNS 反向解析区域

反向查找区域是和正向搜索相对的一种 DNS 解析方式，也是一个地址到名称的数据库，帮助计算机将 IP 地址转为名称。在网络中，大部分 DNS 搜索都是正向搜索，但为了实现客户端对服务器的访问，不仅需要将一个区域解析成 IP 地址，还需要将 IP 地址解析成域名，这就需要使用反向查找功能。在 DNS 服务器中，通过主机名查找其 IP 地址的过程成为正向查询，而通过 IP 地址查询其主机名的过程叫作反向查询。

（1）在 DNS 服务器上，右键单击"反向查找区域"，选择"新建区域"，进入新建区域向导。

（2）单击"下一步"按钮，弹出"区域类型"对话框，如图 8-18 所示，同建立正向查找区域一样，在此选择主要区域。

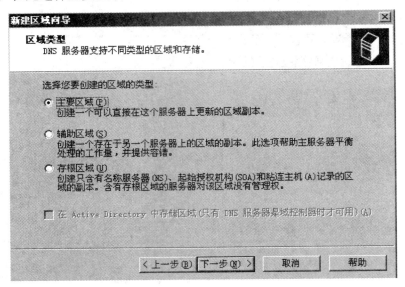

图 8-18　反向查找区域类型

（3）单击"下一步"按钮，弹出"反向查找区域名称"对话框，如图 8-19 所示，在此输入用来标识区域的"网络 ID"为"192.168.0"，根据所输入的网络 ID 在下面自动生成反向查找区域名称。

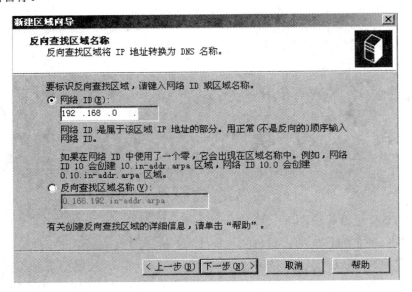

图 8-19　反向区域标识

　　(4) 单击"下一步"按钮，弹出"区域文件"对话框，在此为反向查找区域创建一个文件。同创建正向查找区域一样，如图 8-20 所示，系统会自动在区域名称后加"0.168.192.in-addr.arpa.dns"作为文件名，也可以采用一个已有文件。

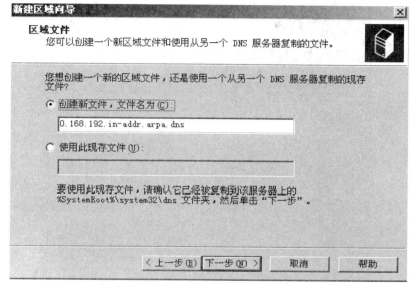

图 8-20　反向区域文件名

　　(5) 单击下一步，弹出"动态更新"类型选择页面，如图 8-21 所示，选择"不允许动态更新"。

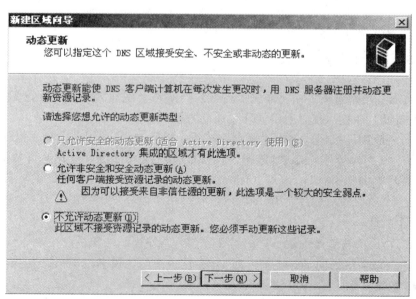

图 8-21　动态更新类新

　　(6) 单击下一步，弹出完成反向查找区域常见窗口，单击"完成"按钮，即完成对于 DNS 反向解析区域的创建，返回 DNS 控制台下可以查看区域的状态。

　　(7) 为了使 DNS 服务器能够进行反向解析，要在反向区域中为 DNS 服务器创建响应的指针(PTR)记录。在 DNS 下，右键单击"192.168.0.X Subnet"，选择"新建指针"。

(8) 弹出"新建资源记录"对话框，如图 8-22 所示，在"主机 IP 号"中输入 DNS 服务器的主机地址"1"，在"主机名"处输入 DNS 服务器名"www.xd302.com"。

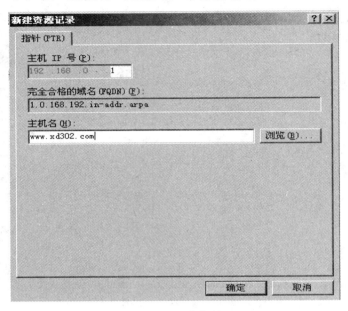

图 8-22　反向指针

(9) 单击"确定"按钮，即完成指针记录的创建，返回 DNS 控制台下可以查看创建的指针记录。

7) 启用 DNS 循环复用功能

在 DNS 服务器上创建多条主机记录，使一个主机名对应多个 IP 地址，理解循环复用功能的作用。

(1) 在 DNS 控制台下，右键单击"xd302"，选择"属性"，在"xd302 属性对话框"中，单击"高级"标签，在"启用循环"前的方框内打"√"。

(2) 单击"应用"按钮，单击"确定"按钮。返回 DNS 控制台，为主机 www 创建多个主机记录，如"www 主机 202.117.112.6、202.96.0.189、202.96.0.189、192.168.1.66"。

(3) 在客户端 DOS 窗口，输入"nslookup www.xd302.com"命令，从显示的信息中可以看到，当一个主机名对应多个 IP 地址时，在启用了循环复用功能的 DNS 服务器每次解析的顺序都不一样。

8) 设置 DNS 区域动态更新

通过设置 DNS 区域的动态更新，使 DNS 客户端的主机名或 IP 地址的变化能动态地反映到 DNS 数据库中。

(1) 在 DNS 服务器上，在 DNS 控制台下，右键单击所要设置的区域，选择"属性"，弹出"xd302.com 属性"对话框，在"允许动态更新"处，选择"是"，"区域文件名"为"xd302.com.dns"。

(2) 单击"应用"按钮，单击"确定"按钮，即设置了区域的动态更新。

注 1：如果客户端的 IP 地址和 DNS 服务器的地址是通过 DHCP 服务器获得的，那么可以通过设置 DHCP 服务器使那些不支持 DNS 动态更新的客户端能够自动更新。在 DHCP 服务器上打开 DHCP 控制台，右键单击 DHCP 服务器，选择"属性"，选择"DNS"标签，在"为不支持动态更新的 DNS 客户启用更新"前的方框内打"√"。

2：当客户端的主机名或 IP 地址发生变化时，可以输入"ipconfig/registerdns"命令手工向 DNS 服务器进行更新。

3：DNS 数据库的物理位置是\%systemroot%\sysem32\dns。设置了动态更新的 DNS 区域，当它的客户端的主机名或 IP 地址发生变化时能够自动进行更新。在 DNS 客户端，只有 Windows 2000 版本以上的操作系统才能够进行动态更新。

9) 客户端测试结果

(1) 客户端在命令行模式下输入 nslookup，显示 default Server 为 www.xd302.com，Address 为 192.168.0.1，如图 8-23 所示。

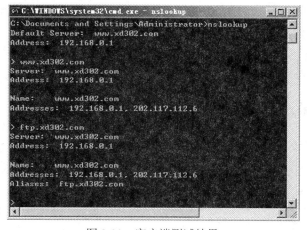

图 8-23　客户端测试结果

(2) 客户端用 ping 命令测试，如图 8-24 所示，服务器已经正确解析了 DNS 的域名。

图 8-24　ping 命令测试结果

实　验　报　告

实验名称＿＿＿＿＿＿＿＿＿＿＿＿＿＿＿＿＿＿＿＿＿＿＿

实验日期＿＿＿＿＿年＿＿＿＿＿月＿＿＿＿＿日
实验地点＿＿＿＿＿＿＿＿＿＿＿＿＿＿＿＿

一、实验目的

二、实验环境(或实验设备需求)

三、实验基本原理(或方案设计及理论计算)
　　(画出实验需要的拓扑结构图，详细标注每个连接点的端口号和终端的 IP 地址)

四、实验数据记录(或仿真及软件设计)

五、实验结果分析及回答问题(或测试环境及测试结果)

六、心得体会

教师签名：

第九章　Windows 2003 IIS 服务器的配置

9.1　IIS 服务概述

在组建局域网时，可以利用互联网信息服务 (Internet Information Server，IIS)来构建自己的 WWW 服务器、FTP 服务器、SMTP 服务器等，IIS 服务将 HTTP 协议、FTP 协议和 Windows NT Server 出色的管理和安全特性结合起来，提供了一个功能非常全面的软件包，面向不同的应用领域给出了出色的 Internet/Intranet 服务器方案。在 Windows 2003 Server 中集成了 IIS6.0，它完全基于 Windows 2000 Server 的 IIS5.0，但比 IIS5.0 提供了更为方便的安装/管理，增强的应用环境，基于标准的分布协议，改进的性能表现和扩展性，以及更好的稳定性、安全性和高易用性。下面简介几种相关服务。

1. WWW 服务

WWW(World Wide Web，万维网)服务是指图形最为丰富的 Internet 服务，Web 还具有最强的链接能力。它是运行在 Internet 顶层的服务集合，提供了最经济有效的信息发布方式，支持协作和工作流程，并可以给遍及世界各地的用户提供商业应用程序。Web 是 Internet 主机系统的集合，通过使用 HTTP 协议在 Internet 上提供服务。基于 Web 的信息一般使用 HTML(超文本标记语言)格式以超文本和超媒体方式传送，它不但可以发布文本信息，还可以发布声音、动画和视频信息，使 WWW 成为一个交流、沟通的信息平台。

2. FTP 服务

FTP(File Transfer Protocol，文件传输协议)服务可将文件复制到使用 TCP/IP 协议的网络(如 Internet)上的远程计算机系统中或从远程计算机将文件复制出来的协议。该协议还允许用户使用 FTP 命令对文件进行操作，如在远程系统中列出文件和目录。通过 FTP 可传输任意类型、任意大小的文件，也为远程管理、更新 WWW 服务器中的内容提供了极大的支持。

3. SMTP 服务

SMTP(Simple Mail Transfer Protocol，简单邮件传输协议)服务能够从客户机应用程序那里接收邮件信息，并把这些邮件信息传送给 Internet 上的另一个服务器。也可以配置域控制器，使之利用 SMTP 服务，跨越站点上的链接进行复制功能。

4. POP3 服务

POP3(Post Office Protocol，邮局协议版本 3)可用于号称呼 POP 服务器，目前在 Internet

上的大多数 POP 服务器为 POP3 服务器。SMTP 服务器将邮件发送给 POP3 服务器。用户使用客户端邮件软件联系 POP3 服务器，使用账号和密码进行身份验证之后，用户将待发邮件从本地发送到服务器，POP3 服务器将用户邮件发送到用户本地。这一过程中，POP3 服务器本身也是一台 SMTP 服务器，但它能为用户指定一个简单的文件夹，这是纯粹的 SMTP 服务器所不能做到的。

5. NNTP 服务

NNTP(Network News Transfer Protocol，网络新闻传输协议)服务不仅是流行的信息交换方式，也是 Internet 提供的主要服务之一。NNTP 服务允许在许多用户之间进行多向信息传递。NNTP 服务的实现方式与电子邮件服务非常相似，它们都是以电子邮件形式进行传递的。但是，NNTP 服务与电子邮件的本质区别在于电子邮件通常是双向的、私密的，也就是在两个用户之间传递消息；而 NNTP 服务是多向的、开放的，多个用户共同查看同一条消息，任何人都可以对消息进行评价和讨论。

9.2　IIS 服务器配置实例

1. 实验目的
● 在 Windows 2003 Server 上创建 WEB 服务器；
● 在 Windows 2003 Server 上创建 FTP 服务器。

2. 实验内容
● 在 Windows 2003 Server 上安装 IIS 服务器；
● 创建 WEB 服务器；
● 配置 WEB 服务器；
● 创建 FTP 服务器；
● 配置 FTP 服务器；
● 在客户端访问 WEB 和 FTP 站点。

3. 实验环境
● 一台安装有 Windows 2003 Server 操作系统的计算机作为 IIS 服务器；
● 一台安装有 Windows XP 操作系统的计算机作为客户端。

4. 实验过程
在 Windows 2003 Server 操作系统的计算机上创建 WEB 服务器和 FTP 服务器支持 IIS 服务。

1) 在 Windows 2003 Server 计算机上安装 IIS 服务

(1) 单击"开始"→"设置"→"控制面板"，双击"添加/删除程序"，选择"添加/删除 Windows 组件"弹出如图 9-1 所示对话框，在组件向导对话框中选择"应用程序服务器"，在其前的方框内打"√"。

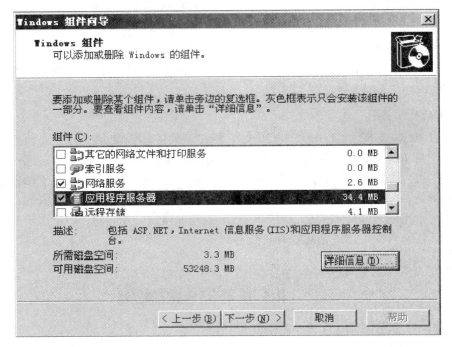

图 9-1　选择应用程序服务器

(2) 单击"详细信息(D)"按钮，弹出如图 9-2 所示对话框，选择"文件传输协议(FTP)服务"前的方框内打"√"。

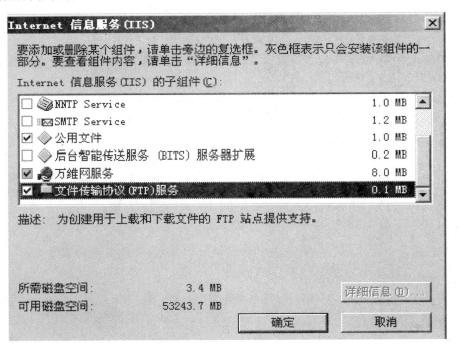

图 9-2　选择 FTP 服务

(3) 单击"确定"按钮，然后单击"下一步"按钮，开始安装 IIS 服务，安装结束，打开 Windows IIS 服务器，如图 9-3 所示，表明已经安装了 IIS 服务器。

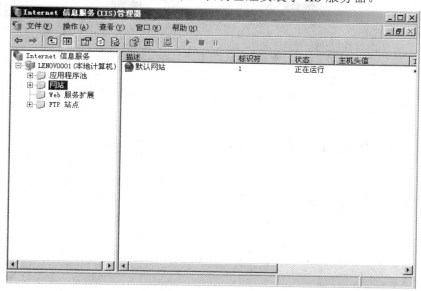

图 9-3 IIS 服务器

2) 创建 Web 服务器

(1) 单击"开始"→"程序"→"管理工具"，选择"Internet 信息服务(IIS)管理器"，如图 9-4 所示，即打开 Internet 信息服务控制台。点击网站右键，选择"新建"→"网站"。

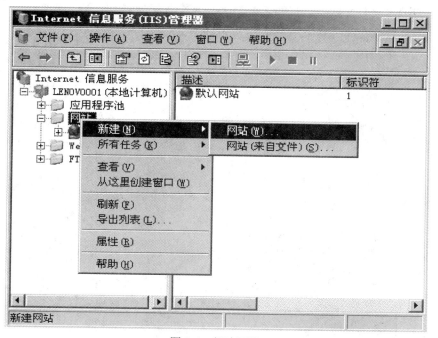

图 9-4 新建网站

(2) 弹出"网站描述"对话框，如图 9-5 所示，输入"网络实验"：

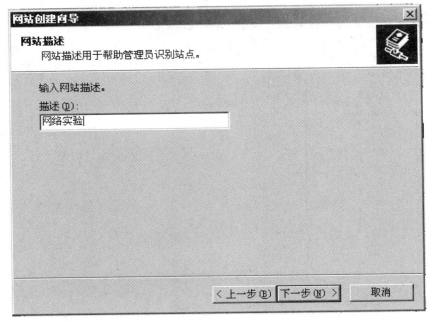

图 9-5　网站描述

(3) 单击"下一步"，弹出"IP 地址和端口设置"窗口，如图 9-6 所示，输入"192.168.0.1"，默认主机端口号为"80"。

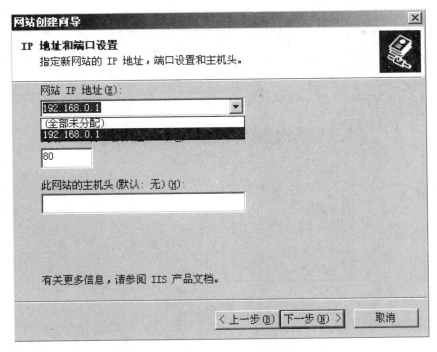

图 9-6　网站 IP 和端口号

(4) 单击"下一步"按钮，弹出"网站主目录"选择界面，如图 9-7 所示，输入主目录"F:\test"，单击"下一步"按钮，完成网站创建。

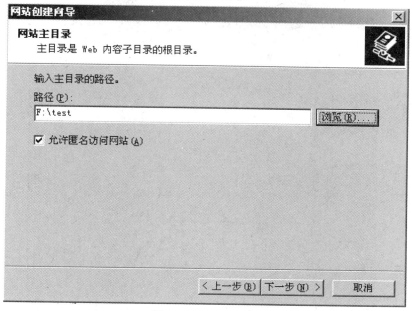

图 9-7　网站主目录

(5) 设置显示文档，右键单击"网络实验"，如图 9-8 所示，选择"属性"。

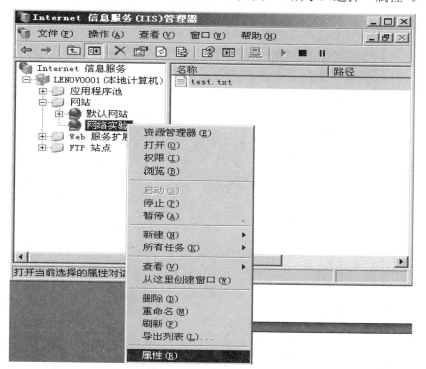

图 9-8　设置显示文档

(6) 弹出"网络实验属性"对话框，如图 9-9 所示，属性栏中选择文档属性，设置页面展示的文档名称，选择设置文档为"test.txt"。

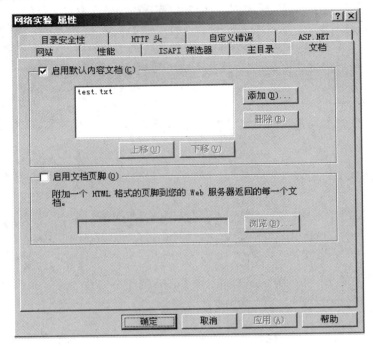

图 9-9　网站属性设置

(7) 客户端访问 Web 网站，结果如图 9-10 所示。

图 9-10　访问 Web 网站

3) 配置 Web 服务器

(1) 在 Internet 信息服务控制台下，右键单击"网络实验"，选择"属性"，弹出"网络实验属性"对话框。选择"Web 站点"标签并配置。主要配置说明如下：

① Web 站点标识。

说明：关于站点的描述"网络实验"；

IP 地址：此站点提供服务的 IP 地址"192.168.0.1"；

单击 IP 地址右边的"高级"按钮，如图 9-11 所示，可以为 Web 站点添加站点标识。单击"添加"按钮，弹出"添加／编辑网站标识"窗口，在 IP 地址处输入"192.168.0.1"，在 TCP 端口处输入"80"，主机头名处输入 www.xd302.com。单击"确定"按钮，发现新的站点标识已经添加。

图 9-11　网站标识

连续单击"确定"按钮，完成站点标识的添加，返回 Internet 信息服务控制台，单击"■"按钮先停止服务，然后单击"▲"按钮，重新启动服务后才能生效。

在"DNS 服务器"上(IP: 192.168.0.1)为所建的站点标识创建主机记录，在"DNS"控制台下，选择"xd302.com"，在其右窗口"名称"下填入"www"；"类型"下填入"主机"；"数据"下填入"192.168.0.1"。此时在一台客户机上设置其 DNS 服务器的 IP 地址为 192.168.0.1，打开 IE 浏览器，在地址栏中利用新建的站点标识来访问站点，输入 http://www.xd302.com，在窗口内显示"Welcom to xd302"，说明站点标识创建成功。

TCP 端口：此站点提供服务所使用的逻辑端口，默认为 80。如在此处将 TCP 端口改为 8080，则客户端访问此站点时必须指定端口号，在 IE 浏览器地址栏中输入"http://www.xd302.com：8080"即可。

② 连接。

无限：对同时连接站点的用户数量不做限制；

限制到：根据实际情况限制同时连接站点的用户数量；

连接超时：如果用户在规定的时间内没有和 Web 服务器进行信息交换，则自动中断此用户的连接。

启用保持 HTTP 激活：允许客户端保持与服务器的开放连接。

(2) 在"网络实验"对话框中，选择"主目录"标签。

连接到此资源时，内容应该来自：设置主目录即存储站点内容的计算机，选择"此计算机上的目录"。

脚本资源访问：允许用户访问程序中的脚本资源。

读取：允许用户读取站点内容及相关属性，在"读取"前的方框内打"√"。

写入：允许用户上传文件到已启用的目录。

目录浏览：允许用户浏览目录中的文本列表。

日志访问：在日志文件中记录对目录的访问，在"日志访问"前的方框内打"√"。

索引此资源：允许 Microsoft Indexing Service 将该目录包含在 Web 站点的全文索引中，在"索引此资源"前的方框内打"√"。

> **注**：从安全性考虑，只要赋予用户"读取"的权限即可，不要赋予用户其他的权限。

(3) 在"网络实验的主页属性"对话框中，选择"目录安全性"标签。

① 匿名访问和验证控制。

单击"编辑"按钮，弹出"验证方法"对话框。

匿名访问：允许此站点接受未经验证的用户访问，在其前的方框内打"√"，单击"编辑"按钮，弹出"匿名用户账号"对话框。在"用户名"处输入"IUSR_NCIE"，在"允许 IIS 控制密码"前的方框内打"√"。

基本验证：验证访问此站点的用户的密码。

Windows 域服务器的摘要验证：只能在 Windows 2003 的域环境下用。

集成 Windows 验证：一种安全验证方式，与用户的 IE 浏览器进行密码交换以确认用户身份，在其前的方框内打"√"。

② IP 地址及域名限制。单击"编辑"按钮，弹出"IP 地址及域名限制"对话框。在此可以对访问站点的计算机进行限制。单击"添加"按钮，弹出"拒绝以下访问"对话框，选择"单机"，在 IP 地址处输入"192.168.0.10"；选择"一组计算机"在网络标识处输入"172.16.0.0"，在掩码处输入"255.255.255.0"；选择"域名"，在域名处输入 www.abc.com，单击"确定"按钮，可查看相关信息。

③ 安全通信。要保证客户端和站点进行安全的通信，需结合"证书服务"。

4) 创建 FTP 服务器

创建 FTP 服务器，提供文件下载和上传服务。

(1) 在"Internet 信息服务"控制台下，右键单击"FTP 站点"，如图 9-12 所示，选择"新建"→"Ftp 站点"。

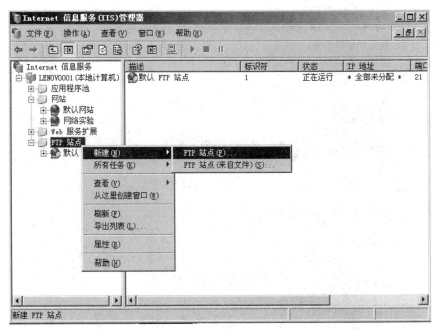

图 9-12　新建 FTP 站点

(2) 弹出"FTP 站点创建向导"对话框，单击"下一步" 按钮，如图 9-13 所示，弹出"FTP 站点描述"对话框，在"描述"处输入"网络实验 FTP 测试"。

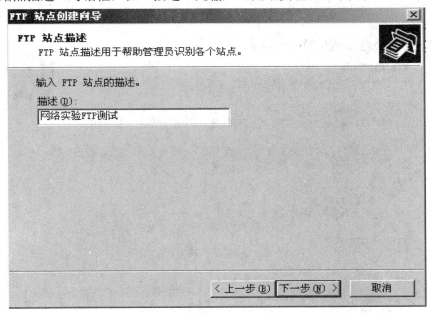

图 9-13　FTP 站点描述

(3) 单击"下一步"按钮，弹出"IP 地址和端口设置"对话框，如图 9-14 所示，单击"输入此 FTP 站点使用的 IP 地址"栏边上的下拉按钮，选择"192.168.0.1"，在 TCP 端口处输入"21"。

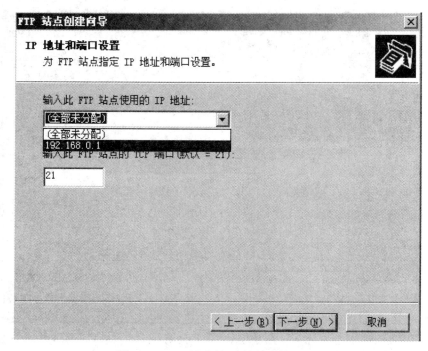

图 9-14   FTP 站点的 IP 地址和端口号

　　(4) 单击"下一步"按钮，弹出"FTP 用户隔离"对话框，如图 9-15 所示，选择"不隔离用户"。

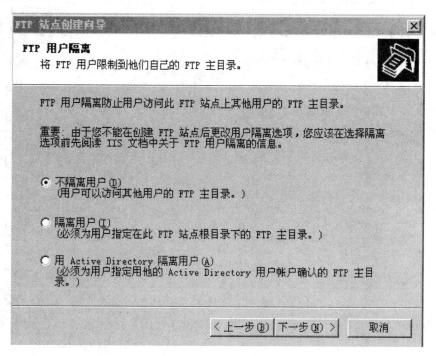

图 9-15   FTP 用户隔离

(5) 单击"下一步"按钮，弹出"FTP 站点主目录"对话框，如图 9-16 所示，在路径处输入 FTP 站点主目录为"F:\test"。

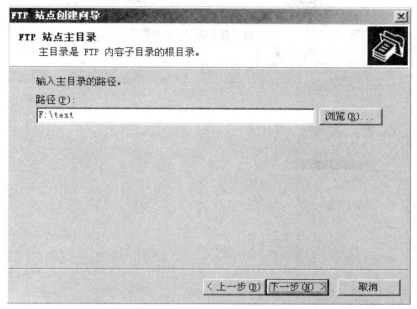

图 9-16　FTP 站点目录

(6) 单击"下一步"按钮，弹出"FTP 站点访问权限"对话框，如图 9-17 所示，在此设置用户对此 FTP 站点的访问权限。

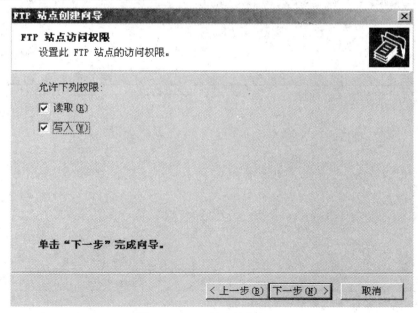

图 9-17　FTP 站点访问权限

读取：允许用户从此 FTP 站点下载文件，在其前的方框内打"√"。
写入：允许用户从此 FTP 站点上传文件，在其前的方框内打"√"。

(7) 单击"下一步"按钮，然后单击"完成"按钮，返回 Internet 信息服务控制台可以看到创建的 FTP 站点，如图 9-18 所示，显示"网路实验 FTP 测试"，即完成 FTP 站点的创建。

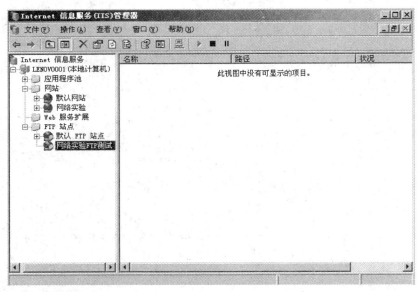

图 9-18　FTP 站点

(8) 客户端输入"ftp://ftp.xd302.com"访问 FTP 站点，结果如图 9-19 所示。

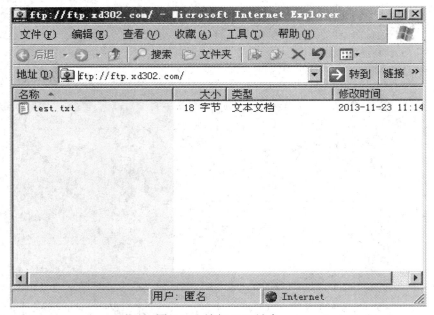

图 9-19　访问 FTP 站点

5) 配置 FTP 站点

(1) 在"Internet 信息服务"控制台下，右键单击创建的 FTP 站点"网络实验 FTP 测试"，选择"属性"，弹出"网络实验 FTP 测试属性"对话框，单击"FTP 站点"标签，在描述处输入"网络实验 FTP 测试"，在 IP 地址处选择"192.168.0.1"，在 TCP 端口处输入"21"，选择"限期到"输入"100000"，在连接超时处输入"900"，在"启用日志记录"前的方框内打"√"，在"活动日志格式"处选择"W3C 扩充日志文件格式"。

(2) 单击"安全账号"标签，在"允许匿名连接"前的方框内打"√"，在"用户名"中输入"IUSR_NCIE"，在"允许 IIS 控制密码"前的方框内打"√"，在"操作员"处添加"administrators"。

(3) 单击"消息"标签，在"欢迎"处输入"欢迎访问本站点，本站点提供技术资料下载和上传服务。祝大家工作愉快！！！"，在"退出"处输入"请提宝贵意见，欢迎下次再来！！"。

(4) 单击"主目录"标签，选择"此计算机上的目录"，在"本地路径"处输入"F:\test"，在"读取""写入""日志访问"前的方框内打"√"，在"目录列表风格"中，选择"ms-dos"。

UNIX：以 UNIX 的文件格式显示 FTP 服务器文件。

MS-DOS：以 DOS 的文件格式显示 FTP 服务器文件。

(5) 单击"目录安全性"标签，选择"授权访问"，在此可以设置访问 Ftp 站点的限制，单击"添加"按钮，弹出"拒绝以下访问"对话框，选择"单机"，在 IP 地址处输入"192.168.0.188"；选择"一组计算机"在网络标识处输入"172.16.0.0"，在掩码处输入"255.255.255.0"；选择"域名"，在域名处输入"www.abc.com。"单击"确定"按钮，可查看相关信息。

6) 在客户端访问 FTP 站点

在客户端访问 FTP 站点，实现文件下载和上传。

(1) 在客户端打开 IE 浏览器，在地址栏输入 ftp://192.168.0.1，即能够访问 FTP 站点。在其右窗口显示"test.txt"，表明 FTP 站点已经创建成功。

(2) 在此可以像使用 Windows 资源管理器一样，利用文件的拷贝和粘贴实现文件下载和上传。

(3) 除了利用 IE 浏览器以外，在客户端还可以使用 DOS 命令进行文件下载和上传。在客户端计算机上打开 DOS 窗口，输入命令 ftp192.168.0.1。

(4) 在弹出的画面中输入用户名"anonymous"，密码为"空"，连接到 FTP 服务器。

(5) 在 FTP 提示符下输入"？"，系统会把所有 FTP 下可以使用的命令显示出来。

(6) "dir"命令，用来显示 FTP 服务器端有哪些文件可供下载。如果 FTP 服务器端，选取 UNIX 的列表风格显示 FTP 服务器端的文件信息，可使用"ftp>ls–l"命令显示。

(7) "get"命令，用来从服务器端下载一个文件。

(8) "!dir"命令，用来显示客户端当前目录中的文件信息。上一步中所下载的文件"1.txt"已经下载到客户端。

(9) "put"命令，用来向 FTP 服务器端上传一个文件。

(10) "lcd"命令，用来设置客户端当前的目录。

(11) "bye"命令，用来退出 FTP 连接。

实 验 报 告

实验名称_____

实验日期_____年_____月_____日
实验地点_____

一、实验目的

二、实验环境(或实验设备需求)

三、实验基本原理(或方案设计及理论计算)
　　(画出实验需要的拓扑结构图，详细标注每个连接点的端口号和终端的 IP 地址)

四、实验数据记录(或仿真及软件设计)

五、实验结果分析及回答问题(或测试环境及测试结果)

六、心得体会

教师签名:

第十章　Windows 2003 DHCP 服务器的配置

10.1　DHCP 服务器概述

动态主机配置协议(Dynamic Host Configuration Protocol，DHCP)是由 DHCP 服务器动态向 DHCP 客户端分配 IP 的过程。在常见的小型网络中，IP 地址的分配一般都采用静态方式，但在大中型网络中，为每一台计算机分配一个静态 IP 地址，这样将会加重网管人员的负担，并且容易导致 IP 地址分配错误。因此，在大中型网络中使用 DHCP 服务是非常有效率的。

使用 DHCP 服务具有以下好处：

● 管理员可以迅速地验证 IP 地址和其他配置参数，而不用去检查每个主机；
● DHCP 不会从一个范围里同时租借相同的 IP 地址给两台主机，避免了手工操作的重复；
● 可以为每个 DHCP 范围(或者说所有的范围)设置若干选项(比如可以为每台计算机设置缺省网关、DNS 和 WINS 服务器的地址)；
● 如果主机物理上被移动到了不同的子网上，该子网上的 DHCP 服务器将会自动用适当的 TCP/IP 配置信息重新配置该主机；
● 大大方便了便携机用户，移动到不同的子网上不再需要为便携机分配 IP 地址。

10.2　DHCP 服务器的工作过程

要想深入了解 DHCP 服务，就必须要了解 DHCP 服务器的工作过程。DHCP 服务的基础流程是这样的：

● 当 DHCP 客户机首次启动时，客户机向 DHCP 服务器发送一个 dhcp discover 数据包，该数据包表达了客户机的 IP 租用请示。
● 当 DHCP 服务器接收到 dhcp discover 数据包后，该服务器从地址范围中向那台主机提供(dhcp offer)一个还没有被分配的有效的 IP 地址。当你的网络中包含不止一个 DHCP 服务器时，主机可能收到好几个 dhcp offer，在大多数情况下，主机或客户机接受收到的第一个 dhcp offer。

- 接着，该 DHCP 服务器向客户机发送一个确认(dhc pack)，该确认里面已经包括了最初发送的 IP 地址和该地址的一个稳定期间的租约(默认情况是 8 天)。
- 当租约期过了一半时(即是 4 天)，客户机将和设置它的 TCP/IP 配置的 DHCP 服务器更新租约。当租期过了 87.5％时，如果客户机仍然无法与当初的 DHCP 服务器联系上，它将与其他 DHCP 服务器通信，如果网络上再没有任何 DHCP 服务器在运行时，该客户机必须停止使用该 IP 地址，并重新发送一个 dhcp discover 数据包开始，再一次重复整个过程。

10.3　DHCP 服务器配置

1. 实验目的
- 安装 DHCP 服务器，配置 DHCP 客户端；
- 配置 DHCP 服务器，创建作用域，设定地址池及租约等；
- 配置 DHCP 服务器选项、作用域选项、类选项和保留选项；
- 创建 DHCP 服务器中继代理，实现 80/20 规则。

2. 实验内容
- 在 windows 2003 server 上安装 DHCP 服务；
- 设置计算机成为 DHCP 客户端；
- 为域中的 DHCP 服务器授权；
- 在 DHCP 服务器上创建作用域；
- 在 DHCP 客户端查看 TCP/IP 配置；
- 配置 DHCP 服务器选项；
- 配置 DHCP 服务器作用域选项；
- 配置 DHCP 保留选项；
- 创建 DHCP 用户类；
- 创建 DHCP 服务器中继代理；
- 实现 80/20 规则；
- 删除 DHCP 服务器。

3. 实验环境
- 一台安装有 Windows 2003 server 的计算机作为 DHCP 服务器；
- 一台安装有 Windows XP 作为 DHCP 客户端。

4. 配置 DHCP 服务器
1) 在 Windows 2003 Server 上安装 DHCP 服务

在一台 Windows 2003 Server 计算机上安装 DHCP 服务，使这台计算机可以为网络中其他计算机提供动态分配 IP 地址的能力。

(1) 在 Windows 2003 Server 计算机上，单击"开始"→"设置"→"控制面板"，双

击"添加/删除程序",选择"添加/删除 Windows 组件",在组件向导对话框中选取"网络服务"。

(2) 单击"详细信息(D)"按钮,进入"网络服务"服务对话框,在"动态主机配置协议(DHCP)"前的方框内打"√"。

(3) 单击"确定"按钮开始安装 DHCP 服务。

> **注**:只有 Windows 2000 Server 以上版本才有 DHCP 服务功能,而作为 DHCP 服务器的计算机必须有静态 IP 地址和子网掩码。

2) 设置计算机成为 DHCP 客户端

设置一台 Windows XP 计算机成为 DHCP 客户端,使这台计算机可以从 DHCP 服务器获得 IP 地址。

(1) 在客户端计算机桌面上单击"网络邻居",选择"属性",打开"网络和拨号连接"对话框。

(2) 右键单击"本地连接",选择"属性",打开"本地连接属性"对话框。

(3) 选择 Internet 协议(TCP/IP),单击"属性"按钮,打开 TCP/IP 属性对话框。

(4) 选取"自动获得 IP 地址"和"自动获得 DNS 服务器地址",如图 10-1 所示,单击"确定"按钮即完成客户端设置。

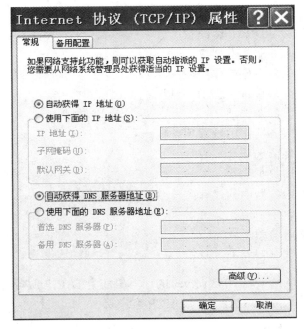

图 10-1　客户端网络配置

3) 在 DHCP 服务器上创建作用域

在 DHCP 服务器上创建作用域,使它可以为网络中的计算机分配 IP 地址。

(1) 在 DHCP 控制台下,如图 10-2 所示,右键单击 DHCP 服务器,选择"新建作用域(P)",打开新建作用域向导对话框。

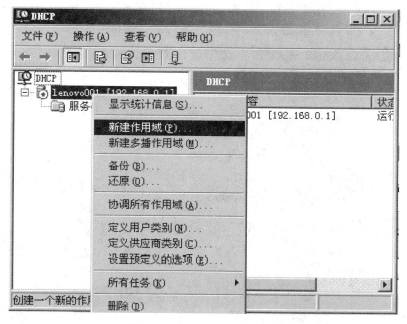

图 10-2　创建 DHCP 作用域

　　(2) 点击"新建作用域(P)",弹出"新建作用域向导"对话框,如图 10-3 所示,在"名称"栏中输入作用域名称"192.168.0.0 子网",在"说明"栏中输入一些描述性的文字"网络实验 DHCP 测试"。

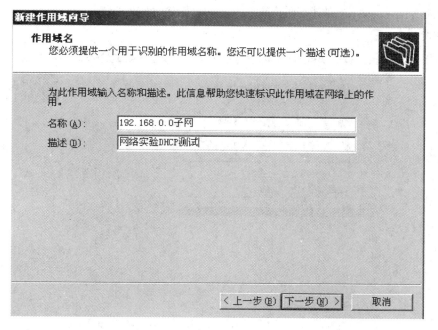

图 10-3　DHCP 作用域名称

　　(3) 单击"下一步"按钮,弹出"IP 地址范围"对话框,如图 10-4 所示,在"起始 IP

地址"栏输入"192.168.0.10"，在"结束 IP 地址"栏输入"192.168.0.100",系统会自动在下面给出对应的子网掩码的位数为"24"和"255.255.255.0"。

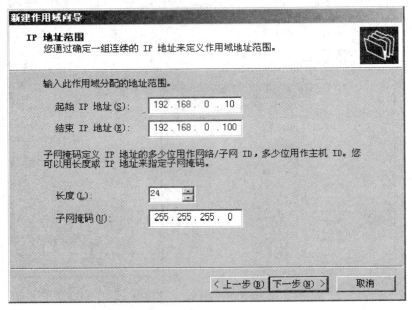

图 10-4　DHCP 作用域

(4) 单击"下一步" 按钮，弹出"添加排除"对话框，如图 10-5 所示，在此输入想要排除的 IP 地址。可以排除一段 IP 地址，也可以排除一个 IP 地址，输入后单击"添加"按钮即把它们添加到排除的 IP 地址范围内，如："192.168.0.50 到 192.168.0.60"和"地址192.168.0.80"。

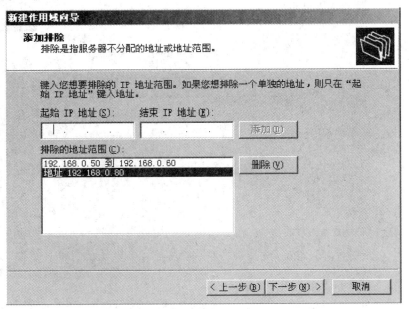

图 10-5　DHCP 排除地址范围

（5）单击"下一步"按钮，弹出"租约期限"对话框，如图 10-6 所示，在此可以设置 IP 地址的租约期限，即客户端可以使用 IP 地址的时间，默认时间为"8 天"。

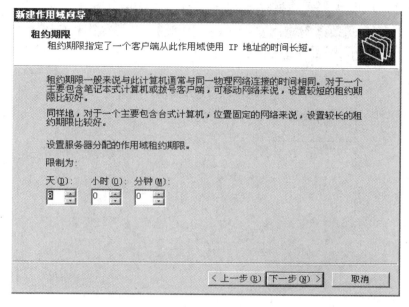

图 10-6　DHCP 租约期限

（6）单击"下一步"按钮，弹出"配置 DHCP 选项"对话框，如图 10-7 所示，在此可以选择是否配置 DHCP 选项，如选择"是"则立即对 DHCP 选项进行配置，如选择"否"则可以暂时略过此项留待以后再进行配置。此处选择"是，我想现在配置这些选项"。

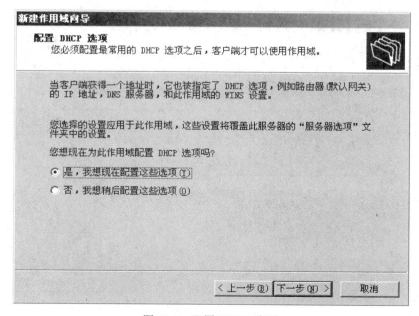

图 10-7　配置 DHCP 选项

(7) 单击"下一步"按钮，弹出"路由器(默认网关)"对话框，如图 10-8 所示，在"IP 地址"文本框中，设置 DHCP 服务器发给 DHCP 客户端使用的默认网关的 IP 地址，如 "192.168.0.1"，单击"添加"按钮。

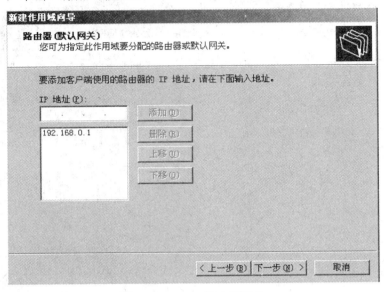

图 10-8　DHCP 路由器网关

(8) 单击"下一步"按钮，弹出"域名称和 DNS 服务器"对话框，如图 10-9 所示，如果要为 DHCP 客户端设置 DNS 服务器，可在"父域"文本框中设置 DNS 解析的域名，在"IP 地址"文本框中，添加 DNS 服务器的 IP 地址，也可以在"服务器名"文本框中输入服务器的名称后，单击"解析"按钮自动查询 IP 地址。

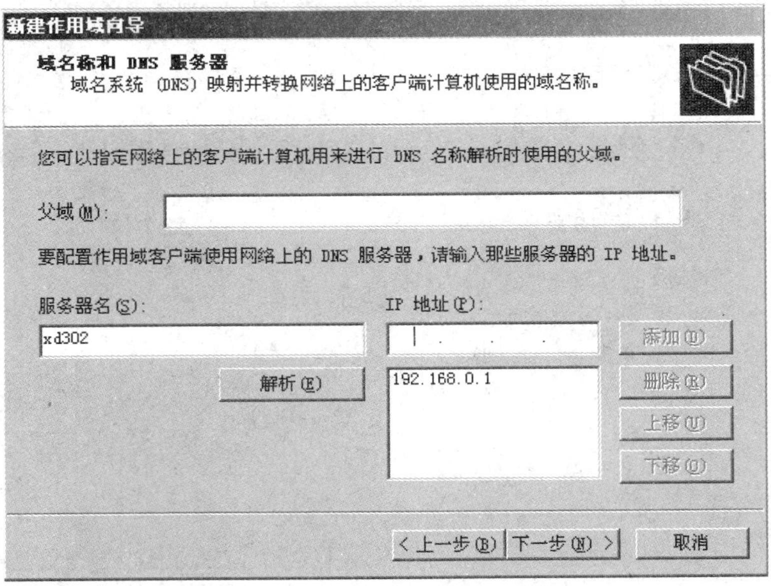

图 10-9　DHCP 域名称

(9) 单击"下一步"按钮，弹出"WINS 服务器"对话框如图 10-10 所示，如果要为 DHCP 客户端设置 WINS 服务，可以在"IP 地址"文本框中添加 WINS 服务器的 IP 地址，也可以在"服务器名"文本框中输入服务器的名称后单击"解析"按钮，自动查询 IP 地址。

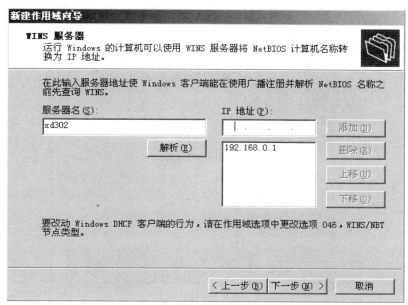

图 10-10　WINS 服务器

(10) 单击"下一步" 按钮，弹出"激活"对话框，如图 10-11 所示，新建的作用域需要激活后才能生效，选择"是，我想现在激活此作用域(Y)"。

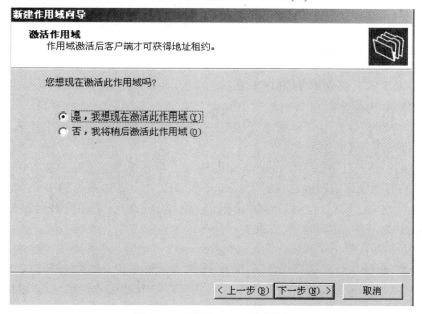

图 10-11　激活 DHCP 作用域

(11) 选择下一步，弹出完成窗口，完成创建 DHCP 作用域，点击 DHCP 作用域，如图 10-12 所示，可以看到 DHCP 服务器的地址池可分配的地址是 192.168.0.10 到 192.168.0.100。

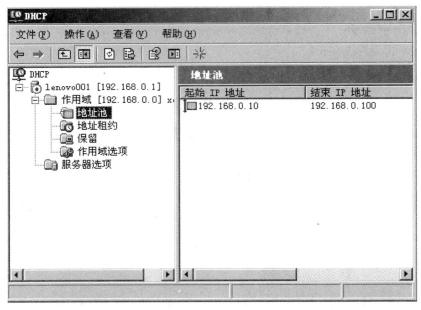

图 10-12　DHCP 地址池

> 注 1：在 DHCP 控制台下，单击"地址池"，在此就能查看整个网络中 IP 地址的使用情况了。其中排除的 IP 地址一般由服务器使用，其余的由普通工作站使用。
>
> 　2：DHCP 作用域创建完成后可以在 DHCP 控制台下，右键单击"作用域"，选择"属性"，对作用域的起始 IP 地址、租约期限可以进行修改，也可以对排除的 IP 地址进行修改，但是不能对子网掩码进行修改。也就是说，作用域一旦创建完成，其网络 ID 就不能更改了。

4) 在 DHCP 客户端查看 TCP/IP 配置

在 DHCP 客户端查看 TCP/IP 配置，验证 DHCP 服务器已经提供服务。

(1) 在客户端计算机上，单击"开始"→"运行"，在运行对话框中输入"cmd"，单击"确定"按钮进入 DOS 模式。

(2) 在 DOS 提示符下输入"ipconfig/all"命令，即可查看客户端 TCP/IP 的详细配置信息。从显示的信息中可以得知这台计算机是一个 DHCP 服务器获得的 IP 地址，DHCP 服务器的 IP 地址为 192.168.0.1，所获得的 IP 地址为 192.168.0.10，子网掩码为 255.255.255.0，以及获得的 IP 地址的时间和租约过期的时间等。

(3) 此时可以在客户端运行"ipconfig/release"命令，手工释放 IP 地址。再运行"ipconfig/all"命令，查看客户端 TCP/IP 配置信息，发现 IP 地址已经释放。

(4) 此时运行"ipconfig/renew"命令可以重新向 DHCP 服务器申请 IP 地址。

> 注：在 DHCP 服务器控制台下，单击"地址租约"，即可查看所有客户端获得 IP 地址的情况。

5) 配置 DHCP 服务器选项

设置 DHCP 服务器,使其在给客户端提供 IP 地址的同时还可以提供一些其他的设置。

(1) 在 DHCP 控制台下,右键单击"服务器选项",选择"配置选项",在此可以对服务器选项进行配置。

在 DHCP 服务器选项中经常用到以下几个选项。

003:DNS 服务器的 IP 地址。

015:DNS 域名。

044:WINS 服务器的 IP 地址。

046:NetBIOS 名称解析的类型。

在此以 003 和 006 为例,设置 003 选项路由器的 IP 地址为 192.168.0.1,设置 006 选项 DNS 服务器的 IP 地址为 192.168.0.1。

(2) 单击"应用"按钮,然后单击"确定"按钮即完成对服务器选项的设置,返回 DHCP 控制台下可以看到所设置的内容。

(3) 此时在客户端计算机上进入 DOS 模式,运行命令"ipconfig/renew",可以重新向 DHCP 服务器申请 IP 地址。申请成功后运行"ipconfig/all"命令查看 TCP/IP 配置信息,发现客户端计算机的默认网关和 DNS 服务器的 IP 地址已经改为刚才在 DHCP 服务器选项中所设置的值,说明 DHCP 服务器选项生效。

6) 配置 DHCP 服务器作用域选项

配置 DHCP 服务器作用域选项,比较服务器选项和作用域选项的优先级。

(1) 配置成功 DHCP 服务器选项之后,在 DHCP 控制台下,单击"作用域选项"。发现作用域选项会自动继承服务器选项的设置。

(2) 右键单击"作用域选项",选择"配置选项",弹出"作用域选项"对话框,在此也对"003"和"006"选项进行设置,仍然设置 003 选项路由器的 IP 地址为 192.168.0.1,设置 006 选项 DNS 服务器的 IP 地址为 192.168.0.1。

(3) 单击"应用"按钮,然后单击"确定"按钮即完成对作用域选项的设置。返回 DHCP 控制台下可以看到所设置的内容。

(4) 此时在客户端计算机上进入 DOS 模式,运行命令"ipconfig/renew",可以重新向 DHCP 服务器申请 IP 地址。申请成功后运行"ipconfig/all"命令查看 TCP/IP 配置信息,发现客户端计算机的默认网关和 DNS 服务器的 IP 地址已经改为刚才在 DHCP 作用域选项中所设置的值,说明 DHCP 作用域选项生效。

7) 配置 DHCP 保留选项

配置 DHCP 保留选项,比较保留选项和作用域选项的优先级。

(1) 在 DHCP 控制台下,右键单击"保留",选择"新建保留",弹出"新建保留"对话框,在"保留名称"栏中给所建"保留"输入一个名称"manager",在"IP 地址"栏中输入为保留选项分配的 IP 地址"192.168.1.118",在"MAC 地址"栏输入保留计算机网卡的 MAC 地址"000654b3491",在"支持的类型"中,选择"两者"。单击"添加"按钮,即完成新建保留的设置。

> 注：保留的 IP 地址一定不是所排除的 IP 地址，排除和保留是互斥的。

(2) 新建保留后，在 DHCP 控制台下可以查看所建保留的信息，保留选项会自动继承作用域选项的设置。

(3) 在 DHCP 控制台下，右键单击"[192.168.1.118]manager"，选择"配置选项"，弹出"保留选项"对话框，在此对 003 和 006 选项进行设置。仍然设置 003 选项路由器的 IP 地址为 192.168.0.1，设置 006 选项 DNS 服务器的 IP 地址为 192.168.0.1。

(4) 单击"应用"按钮，然后单击"确定"按钮即完成对作用域选项的设置。返回 DHCP 控制台下可以看到所设置的内容。

(5) 此时在所建保留的计算机上进入 DOS 模式，运行命令"ipconfig/renew"，可以向 DHCP 服务器申请 IP 地址。申请成功后运行"ipconfig/all"命令查看 TCP/IP 配置信息，这时会发现计算机的 IP 地址、默认网关和 DNS 服务器的 IP 地址已经改为刚才在保留选项中所设置的值，说明保留选项生效。

(6) 而此时在客户端计算机上进入 DOS 模式，运行命令"ipconfig/renew"，可以向 DHCP 服务器申请 IP 地址。申请成功后运行"ipconfig/all"命令查看 TCP/IP 配置信息，发现计算机的 IP 地址、默认网关和 DNS 服务器的 IP 地址与之前设置的结果一样，说明保留选项并没有对非保留计算机生效。

8) 创建 DHCP 用户类

创建 DHCP 用户类，配置类的选项并设置用户类。

关于类的描述：Windiws 2003 的 DHCP 增加了对于供应商类(Vendor class)和用户类(User class)的支持。供应商类用来管理分配给不同供应商类的 DHCP 客户机的数据，用户类可以为那些未基于供应商类的客户机分配配置数据。在任何选项配置对话框(服务器选项、作用域选项、保留选项)的"高级"选项卡中都可以设置供应商类和客户机选项。

(1) 在 DHCP 控制台下，右键单击 DHCP 服务器"[192.168.0.1]"，选择"定义用户类"，弹出"DHCP 用户类别"对话框。

(2) 单击"添加"按钮，弹出"新建类别"对话框，在"显示名称"栏输入类的名称"GeneralUser"，在"说明"栏中输入对此类的一些描述性的文字"公司普通员工使用"，并在 ASCII 码处输入类的 ID "0000　　47 65 6E 65 72 61 6C 55　　GeneralU"。

(3) 单击"确定"按钮，即完成用户类的创建。

(4) 此时在 DHCP 控制台下，右键单击"作用域选项"，选择"配置选项"，弹出"作用域选项"对话框，单击"高级"标签，在"用户类别"下拉框中，选取定义的用户类"GeneralUser"。为用户类设置 003 选项路由器的 IP 地址为 192.168.0.1，006 选项 DNS 服务器的 IP 地址为 192.168.0.1。

(5) 单击"应用"按钮，然后单击"确定"按钮，即完成对用户类选项的设置。返回 DHCP 控制台下可以看到所设置的内容。

(6) 在客户端计算机上进入 DOS 模式，运行命令"ipconfig/renew"，可以重新向 DHCP 服务器申请 IP 地址。申请成功后运行"ipconfig/all"命令查看 TCP/IP 配置信息，发现客户端计算机的默认网关 IP 地址为 192.168.0.1，DNS 服务器的 IP 地址为 192.168.0.1。

(7) 此时使用"ipconfig/setclassid'本地连接'GeneralUser"命令设置此计算机为 GeneralUser 类。其中"本地连接"是网卡的名称。

(8) 使用"ipconfig/showclassid'本地连接'"命令可以显示"本地连接"可用的 DHCP 类的类型。

(9) 使用"ipconfig/renew"命令重新向 DHCP 服务器申请 IP 地址。

(10) 使用"ipconfig/all"命令重新查看新的配置。这时计算机默认的网关 IP 地址和 DNS 服务器的 IP 地址已经改为用户类 GeneralUser 的设置。

(11) 此时在 DHCP 控制台下，为"保留"下的"[192.168.0.80]manager"设置高级选项，设置用户类 GeneralUser，003 选项路由器的 IP 地址为 192.168.0.1，006 选项 DNS 服务器的 IP 地址为"192.168.0.1"。

(12) 在设置"保留"的计算机上运行命令"ipconfig/renew"，可以重新向 DHCP 服务器申请 IP 地址。申请成功后运行"ipconfig/all"命令查看 TCP/IP 配置信息。这时默认网关的 IP 地址和 DNS 服务器的 IP 地址。

> 注：此实验结果说明保留选项的优先级高于类的优先级。

9) 创建 DHCP 服务器中继代理

创建 DHCP 服务器中继代理，使之可以为客户端转发向 DHCP 服务器申请 IP 地址的请求。

关于 DHCP 服务器中继代理的描述：由于 DHCP 客户端向 DHCP 服务器发送 IP 地址的请求不能跨越路由器(如果路由器支持 RFC1542 标准则可以转发 DHCP 广播包)，因此如果想利用一台 DHCP 服务器给多个物理网段的计算机分配 IP 地址，就要求在没有 DHCP 服务器的网段创建一个 DHCP 服务器中继代理。具有 DHCP 中继代理功能的计算机可以把本网段内客户端的 IP 地址请求转发给 DHCP 服务器，起到一个"中继"的作用。

(1) 在作为 DHCP 服务器中继代理的计算机上，单击"开始"→"程序"→"管理工具"→"路由和远程访问"，打开路由和远程访问控制台。在控制台下，右键单击"常规"，选择"新路由选择协议"。

(2) 在"新路由选择协议"对话框内，选取"DHCP 中继代理程序"，单击"确定"按钮，返回路由和远程访问控制台，发现 DHCP 中继代理程序已经添加。

(3) 在"路由和远程访问"控制台下，右键单击"DHCP 中继代理程序"，选择"新接口"，弹出"DHCP 中继代理程序的新接口"对话框，在此为 DHCP 中继代理程序选择一个网络接口"本地连接"。

> 注：应该确保 DHCP 服务器中继代理程序所使用的网络接口和 DHCP 服务器所使用的网络接口之间能够通过路由互相通信。

(4) 单击"确定"按钮，弹出"DHCP 中继站属性-本地连接属性"。

①中继 DHCP 数据包：选中此选项表明此计算机可以在与该接口在同一网的 DHCP 客户机和 DHCP 服务器之间中继数据包。在其前的方框内打"√"。

②跃点计数阈值：规定了广播包最多可以经过多少个子网(即可以跨越几个路由器)，如果广播包在规定的跃点计数内仍然没有得到响应，则该广播包将被丢弃。在此阈值为"4"。

③启动阈值：设定了 DHCP 中继代理将客户机转发到子网的服务器之前，等待本子网的 DHCP 服务器的响应时间。在此阈值为"4"。

以上三项设置完成后单击"确定"按钮，返回路由和远程访问控制台。

(5) 在"路由和远程访问"控制台下，右键单击"DHCP 中继代理程序"，选择"属性"，弹出"DHCP 中继代理程序属性"对话框，在"服务器地址"栏输入 DHCP 服务器 IP 地址为"192.168.0.1"，单击"添加"按钮。单击"应用"按钮，然后单击"确定"按钮，即完成对 DHCP 服务器中继代理的配置。

> 注：DHCP 服务器中继代理只能安装在 Windows 2000 Server 以上版本，而且作为中继代理的计算机必须拥有静态 IP 地址。

10) 实现 80/20 规则

通过 80/20 规则实现 DHCP 服务器的容错机制。

关于 80/20 规则的描述：当在网络中实现 DHCP 服务时，可能会出现由于 DHCP 服务器不可用而使客户端不能进行续定或申请 IP 地址，进而和整个网络断开的情况。为了避免这种情况的发生，在实际工作中可以在一个子网中建立两个 DHCP 服务器，在这两个服务器上分别创建一个作用域，这两个作用域同属一个子网。在分配 IP 地址时，一个 DHCP 服务器作用域上可以分配 80%的 IP 地址，另一个 DHCP 服务器作用域上可以分配 20%的 IP 地址。这样当一个 DHCP 服务器由于故障不可使用时，另一个 DHCP 服务器可以取代它并提供租用新的 IP 地址或续定现有客户机的服务。

> 注：80/20 规则是微软所建议的分配比例，在实际应用时可以根据情况进行调整。另外，在一个子网中的两个 DHCP 服务器上所建的 DHCP 作用域不能有地址交叉的现象。

11) 删除 DHCP 服务器

把 DHCP 服务从 DHCP 服务器上删除。

(1) 在 DHCP 服务器上，单击"开始"→"设置"→"控制面板"，双击"添加/删除程序"，选择"添加/删除 Windows 组件"，在组件向导对话框中选取"网络服务"。

(2) 单击"详细信息(D)"按钮，进入"网络服务"对话框，在"动态主机配置协议(DHCP)"前的方框内打"√"，单击"确定"按钮，即把 DHCP 服务从这个计算机上删除。

实 验 报 告

实验名称＿＿＿＿＿＿＿＿＿＿＿＿＿＿＿＿＿＿＿＿＿＿＿＿＿

实验日期＿＿＿＿年＿＿＿＿月＿＿＿＿日
实验地点＿＿＿＿＿＿＿＿＿＿＿＿＿＿＿＿

一、实验目的

二、实验环境(或实验设备需求)

三、实验基本原理(或方案设计及理论计算)
　　(画出实验需要的拓扑结构图，详细标注每个连接点的端口号和终端的 IP 地址)

四、实验数据记录(或仿真及软件设计)

五、实验结果分析及回答问题(或测试环境及测试结果)

六、心得体会

教师签名:

附　　录

附录 I　Cisco 路由器基本命令及解析

命　　令	作　　用
enable	进入特权执行模式
disable	退出特权执行模式
config terminal	进入配置模式
Interface fastethernet*0/n*	进入以太网接口配置模式
ip address *ip-address*	配置 IP 地址
no shutdown	激活接口
shutdown	关闭接口
end	退回到特权执行模式
^Z	退回到特权执行模式
ping *ip-address*	测试网络连通性
password *password*	设置口令
exit	退到上一级模式
enable password *password*	设置 enable 口令
interface serial *n*	设置 serial 端口
hostname *host-name*	设置主机名
show version	查看版本信息
debug	调试主命令
show running-config	查看运行配置文件
show startup-config	查看启动配置文件
copy running-config startup-config	复制运行配置文件到启动配置文件
erase startup-config	删除启动配置文件
reload	重新启动路由器
ip address *ip-address mask*	配置接口的 IP 地址
ip domain-lookup	启动 IP 域名查询
show ip route	查看路由表
ip routing	启动 IP 路由
clear	清除某项配置的主命令
ip route *network-number mask [ip-address]*	加入静态路由
router rip	创建并进入 RIP 路由信息协议
network *network-id*	申明路由器工作的网段
show ip protocol	查看 IP 路由协议配置和统计信息
debug ip rip	监测 RIP 协议
clear ip route	清除路由表
version 2	设置版本号为 2
show ip route rip	查看路由表中由 RIP 协议获取的路由项

附录 II　Cisco 交换机基本命令及解析

命　　　令	作　　　用
enable	进入特权执行模式
disable	退出特权执行模式
config terminal	进入配置模式
interface fastethernet*0/n*	进入接口配置模式
ip address *ip-address mask*	配置本机 IP 地址
hostname *host-name*	设置主机名
show version	查看版本信息
end	退回到特权执行模式
^Z	退回到特权执行模式
enable secret *password*	设置 secret 口令
enable password *password*	设置 enable 口令
exit	退到上一级模式
interface vlan *1*	进入接口 Vlan1 的配置模式
show interface vlan *1*	查看接口 Vlan1 的配置和统计信息
vlan database	进入 VLAN 配置模式
vlan *vlan-id* name *vlan-name*	创建 VLAN
vtp {server|client|transparent}	设置 VTP 工作模式
vtp domain *name*	设置 VTP 域名
show vtp status	查看 VTP 信息
switchport mode access	设定静态 VLAN 访问模式
switchport access vlan *vlan-id*	设置端口的 VLAN 归属
switchpot mode trunk	设定端口为 Trunk 模式
show vlan	查看 VLAN 信息
show running-config	查看运行配置文件
show startup-config	查看启动配置文件
copy running-config startup-config	复制运行配置文件到启动配置文件
erase startup-config	删除启动配置文件
reload	重新启动交换机
clear	清除某项配置的主命令

附录Ⅲ　H3C 路由器基本命令及解析

命　　令	作　　用
system-view	进入用户视图
quit	退出上一级视图
sysname *host-name*	设置路由器名称
display ip routing-table	查看路由表
display current-configuration	查看运行配置文件
interface *GE0/n*	进入路由器接口配置模式
port link-mode route	将端口转换成路由端口
port link-mode bridge	将端口转换成桥接端口
ip address *ip-address mask*	配置端口 IP 地址
undo shutdown	激活端口
shutdown	关闭端口
interface serial *n*	设置 serial 端口
interface vlan *vlan-id*	配置 VLAN 接口
ip route-staticnet *work mask ip-address*	设置静态路由
undo ip route-staticnet *work mask ip-address*	删除静态路由
rip	创建并进入 RIP 路由信息协议
network *network-id*	申明路由器工作的网段
display ip protocol	查看 IP 路由协议配置和统计信息
dhcp enable	使能 DHCP 配置
dhcp server ip-pool *pool-name*	设置 DHCP 服务器地址池名称
gateway *ip-address*	网关地址
dns-list *ip-address*	DNS 地址
display dhcp server ip-in-use	查看 DHCP 地址池分配出去的 IP 地址
dhcp server forbidden-ip *ip-address*	进制分配的 IP 地址
dhcp select relay	配置 DHCP 中继
dhcp relay server-address *ip-address*	DHCP 服务器的地址
vlan-type dot1q vid *vlan-id*	子端口承接那个 VLAN 的数据
ospf *ospf-id*	启动 OSPF 进程
router id *ip-address*	声明路由器的 ID
display ospf peer	查看 OSPF 邻居
display ospf routing	查看 OSPF 路由表
telnet server enable	允许远程登录路由器

附录Ⅳ H3C 交换机指令及解析

命　　令	作　　用
system-view	进入系统视图
quit	退回到上一级视图
sysname *host-name*	更改设备名称
vlan *vlan-id* name *vlan-name*	创建 VLAN
description *text*	对创建的 VLAN 信息描述
port *interface-list*	指定端口加入到 VLAN 中
port link-type access	配置端口链路类型为 access 类型
Interface *E1/0/n|G1/0/n*	进入以太网接口视图
interface vlan *vlan-id*	进入 VLAN 接口视图
port link-type trunk	将某个端口指定为 Trunk 端口
port trunk permit vlan *vlan-id|all*	Trunk 端口允许哪些 VLAN 的数据帧通过
domain *domain-name*	创建 ISP 域，设置域名
display vlan	显示 VLAN 信息
display vlan all	显示 VLAN 详细信息
display current-configuration	查看系统运行状态
display comman-alias	显示命令关键字别名功能的相关配置
comman-alias enable	使能命令关键字别名功能
telnet server enable	使能 Telnet 服务器
line vty *first-name*	进入用户线视图
line class {aux|vty}	进入用户线类视图
role name *role-name*	进入用户角色视图
authentication-mode password *password*	配置 Telnet 远程登录的密码
local-user *user-name*	创建本地用户并进去用户视图
password *password*	设置本地用户认证密码
ip address *ip-address mask*	配置 VLAN 接口的 IP 地址
display ip routing-table	查看路由表
port link-type hybrid	配置端口类型为 hybrid 类型
port hybrid vlan *vlan-id-list*	指定以上 hybrid 端口允许通过的 VLAN 列表
port hybrid protocol-vlan *vlan-id*	指定与协议模板绑定的 VLAN 编号
mac-vlan enable	启用基于 MAC 地址划分 VLAN 的功能
mac-vlan trigger enable	启用 MAC VLAN 动态触发功能
undo shutdown	激活接口
shutdown	关闭接口

附录 V　　Cisco 交换机路由器口令恢复的具体步骤

如果在使用交换机或路由器时不慎忘记了口令，可以参照以下方法和步骤来恢复口令：

1. 交换机口令恢复的步骤

(1) 关闭交换机电源。

(2) 用 Console 电缆连接交换机的 Console 口到终端或 PC 仿真终端。

(3) 先按住交换机面板上的 mode 键，然后打开交换机电源。

(4) 初始化 flash，在“：”提示符后输入 flash_init 命令。

    ：flash_init

    ：load_helper

    ：switchboot

> **注意**：交换机型号是 C2950 时，只需要执行第一条指令。如果交换机是 C3550，则需要输入上面三条指令。

(5) 更改含有 password 的配置文件名。

    ：rename flash:config.text flash:config.old

(6) 用命令重新启动交换机。

    ：boot

(7) 进入特权模式。

    >enable

    若不需要恢复交换机以前的配置，则不用执行以下步骤。

(8) 此时已忽略 password，把配置文件名改回原名。

    #rename flash:config.old flash:config.text

(9) 拷贝配置文件到当前系统中。

    #copy flash:config.text system:running-config

(10) 修改口令。

    #configure terminal

    #enable secret

(11) 保存配置。

    #write

2. 路由器口令恢复步骤

(1) 连接路由器的 Console 端口到终端或 PC 仿真终端。用 Console 电缆连接 PC 的串行口到路由器的 Console 端口。

(2) 用 show version 命令显示并记录配置寄存器的值，通常为 0x2102 或 0x102。如果用 show version 命令不能获得有关提示，可以查看类似的路由器来获得配置寄存器的值或用 0x2102 试试。

(3) 关闭路由器的电源，然后再打开。

(4) 在启动的前 60 s 内按 Break 键(或 Ctrl+Break 键)进入 ROM Monitor 模式，你将会看到"＞"提示符(无路由器名)，如果没有看到"＞"提示符，说明你没有正确发出 Break 信号，这时可检查终端或仿真终端的设置。

(5) 在"＞"提示符下键入 confreg 0x42 从 Flash memory 中引导或键入 o/r 0x41 从 ROM 中引导(注意：这里"o"是小写字母"O")。如果它有 Flash 且原封没动过，0x42 是最好的设置，因为它是缺省值，仅当 Flash 被擦除或没有安装时使用 0x41。如果用 0x41，你可以查看或删除原配置，但你不能改变口令。

(6) 在"＞"提示符下键入 reset，路由器将重新启动而忽略它保存的配置。

(7) 在设置中的所有问题都回答"no"。

(8) 在 Router>提示符下键入 enable，你将进入特权用户 Router# 提示。

(9) 查看口令，键入 show config。

若不需要恢复路由器以前的配置，则不用执行以下步骤，直接删除配置文件重新启动即可。

    Router#erase startup-config
    Router#reload

若需要改变口令(在口令加密情况下)，按照如下的步骤进行：

① 键入 config mem 拷贝 NVRAM 到 memory 中；

② 键入 wr term；

③ 如果输入过 enable secret xxxx，执行下列命令：键入 config term，然后键入 enable secret 按 Ctrl+Z；如果没有输入过 enable secret xxxx，则键入 enable password，Press Ctrl+Z；

④ 键入 write mem 提交保存改变；若删除配置，键入 write erase。

(10) 在 Router#提示符下键入 config term。

(11) 键入 config-register0x2102，或键入在第二步记录的值。

(12) 按 Ctrl+Z 退出编辑。

(13) 在 Router# 提示符下键入 reload 命令，不需要执行 write memory。

参 考 文 献

[1]　雷振甲. 网络工程师教程[M]. 北京：清华大学出版社，2004.

[2]　崔鑫. 计算机网络实验指导[M]. 北京：清华大学出版社，2007.

[3]　梁广民. 思科网络实验室[M]. 北京：电子工业出版社，2010.

[4]　刘本军. 网络操作系统教程[M]. 北京：机械工业出版社，2010.

[5]　王达. Cisco/H3C 交换机配置与管理[M]. 北京：中国水利水电出版社，2017.

[6]　埃夫·恩格兰德. 现代计算机系统与网络[M]. 北京：机械工业出版社，2019.